〔美〕奥里森·马登（Orison Marden）著

肖剑 译

总有一天你会变成自己喜欢的样子

Pushing to the Front

中国友谊出版公司

图书在版编目（ＣＩＰ）数据

总有一天你会变成自己喜欢的样子 /（美）奥里森·
马登著；肖剑译 . — 北京：中国友谊出版公司，
2019.8

书名原文：Pushing to the Front

ISBN 978-7-5057-4725-8

Ⅰ . ①总… Ⅱ . ①奥… ②肖… Ⅲ . ①成功心理 - 通
俗读物 Ⅳ . ① B848.4-49

中国版本图书馆 CIP 数据核字 (2019) 第 089507 号

书名	总有一天你会变成自己喜欢的样子
作者	[美] 奥里森·马登
译者	肖　剑
出版	中国友谊出版公司
发行	中国友谊出版公司
经销	新华书店
印刷	天津中印联印务有限公司
规格	880×1230 毫米　32 开 7 印张　114 千字
版次	2019 年 8 月第 1 版
印次	2019 年 8 月第 1 次印刷
书号	ISBN 978-7-5057-4725-8
定价	45.00 元
地址	北京市朝阳区西坝河南里 17 号楼
邮编	100028
电话	(010) 64678009

前　言

有位哲人说得好："如果你不能成为一丛小灌木，那就当一片小草地；如果你不能成为太阳，那就当一颗星星。决定成败的不是你尺寸的大小，而在于做一个最好的你。"

每个人出生时都带着一颗生命的种子，它聚集了生长中的一切能量。你是谁，你的处境、优势、文化程度等，这些都无关紧要，重要的是你的这颗种子能为你带来创造未来的所有能量。

你要知道，你就是你，只此一个，再无第二。你没有理由不把上天交给你的这个任务做好。你也没有必要跟别人攀比，因为不管是灌木还是草地、无论是太阳抑或是星星，都有自己存在的价值，不可或缺。

然而，在这个日趋浮躁的社会，搞不清楚状况、精神饥渴的人比比皆是。他们往往任由心灵蒙上阴影也不愿去充实；他们不明白心灵才是每个人真正的家园，任何人的好与坏都取决于她的抚育；他们可能在诱惑面前轻易地缴枪投降，让自己的灵魂跌进地狱的深渊；他们也有可能整天惶惶不可终日，一味地怨天尤人却从来不曾抬头看看，不想迈出步伐。无论何时，都不要忽略充实、纯洁自己的心灵。生命从来未曾看轻任何人，每个人要超越的，从来都只有他自己一个人而已。

当你也有了这样的心境时，你的人生就会豁然开朗，你的心情就会充满阳光，你与幸福之间的距离就会越来越近。

让我们始终不忘初心，不忘来时路，不疾不徐，不骄不躁。

美好的未来已经发生。

出发吧，这样就能无限地接近梦想。

目　录

第 3 章　不抛弃不放弃,世界就是你的

第 4 章　总有一天你会变成你喜欢的样子

第 1 章
不怕千万人阻挡，
只怕自己投降

1　每个人都有自己的天赋

"能发现自己天赋所在的人是幸运的，"卡莱尔说，"他将不再需要其他的护佑。因为他有了自己命定的使命，也就有了一生的归宿。他已经找到目标，并将执着地为实现这一目标而努力。"

卢梭说："任何一个受过良好教育并且懂得应该怎样履行自己生而为人的使命的人，他都会从容面对自己选定的相关领域。对我而言，我的学生无论将来是参军、布道或是当律师，都不太重要。上天早已对我们每个人的终点做出了安排，这个安排早于我们的生活或者职业安排。学会生活就是我所要教给他们的。在我完成对他们的教导时，他们还没有成为军人、律师或神职人员。首先，他们要成为一个真正的人。也许命运会随心所欲地左右他们的生活，使他们在社会中浮沉，但他们总会找到自己真正的位置。"

"并不是我要阻止你当教士，"一位主教对一位年轻的教士说，"而是你的天赋告诉我你并不适合做这个。"

洛威尔说："做我们的天赋所不擅长的事情往往是徒劳无益的，在人类历史上因为做自己所不擅长的事情而导致理想破灭、一事无成的例子不胜枚举。"

毫无疑问，每个人都有自己的天赋，但是只有一小部分人，我们可以称之为天才，他们在很小的时候就非常明确自己未来的人生定位。

斯塔尔夫人很小就对政治哲学有着非同寻常的热情，而那时同龄的女孩子还在给布娃娃穿衣打扮。莫扎特 4 岁的时候就弹奏钢琴，创作小步舞曲，一些作品至今还在流传。小卡尔门斯神情庄严，充满热诚，言谈恳切，在育婴室的时候就开始站在小板凳上布道。歌德 12 岁开始写悲剧故事。格劳秀斯 15 岁之前就发表了非常有说服力的哲学作品。蒲柏几乎"咿呀学语时就在写诗"。查特顿 11 岁时写出了优秀的诗篇，考利 16 岁那年出版了自己的诗集。

托马斯·劳伦斯和富兰克林·威斯特也是同样早慧，蹒跚学步时就开始学绘画了。李斯特 12 岁就公开演出。卡诺瓦在孩提时代就用泥土雕塑模型。培根 16 岁时就指出了亚里士多德哲学的漏洞。拿破仑在布里涅打雪仗时就已经是军队领袖了。

所有这些事例中的人物，都是在年纪很小时就表现出了他们的天赋特长，而且在后来的生活中，他们也积极地朝着这一方向发展。但是，像这种早慧的现象并不常见。除了极少数的例子外，我们大部分人都必须自己去发现自己的天赋与特长，而不能坐等这些天赋自动显现。

　　找出自己的天赋特长所在，比发现金矿更宝贵。

　　当你所有的才能得到唤醒，天赋与个性完全和手头的生活、

> **找出自己的天赋特长所在，比发现金矿更宝贵。**

职业相协调时，恭喜你，你终于找到了合适的位置。这时的你爱自己的工作甚至达到了废寝忘食的地步。也许你有段时间会迫于无奈，做一些趣味不相投的事，但是，要尽早使自己从这种状态下解脱出来。"鞋匠出身的神甫"凯里在讲道时说："布道才是我真正的职业，但我需要靠修鞋来补贴生活。"

　　一位英国的名人对他的侄儿说："不要学医，因为目前为止，我们家族还没出现一个杀人犯。但如果你学医，有可能因为你的盲目和无知会把病人治死。至于律师行业，把与自己性命或财富相关的重大事情交给一个年轻的律师，经验丰富而又谨慎细致的人是不会这么做的。因为年轻人不光没有经验，往往还自以为是，完全意识不到自己手中掌握了客

户的生杀大权，所以是很难成功的。而作为一名教士，即便犯错误，比如对教义理解有误或宣讲有误，对人们造成的危害也不会那么明显，所以，我建议你尽一切努力去做一名神职人员。"

"我知道自己来到这个世界上是带着某种使命的，而且我必须完成它。"惠蒂埃说的这番话道出了他强大能力背后的秘密。

如果一个人做一件事情比如在上大学时选择某个专业，只是因为他的母亲希望他这样做，或者选择一个行业仅仅是因为他爷爷曾经在这一领域声名远播，而自己根本不喜欢也不能适应它，那么，他还不如不上大学或者就当一名电车司机。在自己选择的平凡职业中，他的天赋才能也许能使他成为领导；但在其他行业，也许它就像一块滚到铁轨上的圆石头，不但没法带来帮助，反而成了阻碍。

2　英雄从来不问出身

克莱恩是一个古希腊的奴隶，在神圣的艺术殿堂前，他也同样臣服，甘做神圣艺术的奴隶。他以一种狂热的心态崇拜着美，美就是他的上帝。但是因为波斯入侵者对艺术的反感和憎恶，法律规定除了自由民之外奴隶不允许信奉艺术，否则就要被宣判死刑。当这部法律颁布时，克莱恩正全情投入在一个艺术组织团体中，他希望有一天自己的作品能得到当时伟大的雕刻家菲迪亚斯的肯定，甚至是伯利克里的赞赏。

现在该怎么办？

在面前的冷冰冰的大理石块中，克莱恩投入他全部，头脑、心灵、灵魂，甚至生命。他每天跪求，祈祷太阳神赐予他新鲜的灵感和新的技巧。他心怀感恩，充满自豪，深信不疑。

太阳神阿波罗真的听到了他的祷告，指引着他，为那些他所雕刻的物体赋予了栩栩如生的生命活力。

深爱他的姐姐克莉恩跟弟弟一样。"噢，美神阿弗洛狄忒！"她祷告道，"不朽的阿弗洛狄忒，主神宙斯最具怜悯心的孩子啊！你是我的女王，我的保护神，我日日夜夜在你的神龛前奉上献礼。请成为我的朋友吧，成为我弟弟的朋友吧！"

然后，她转向弟弟说道："噢，克莱恩，去屋子下面的地下室吧！那里很暗，但我会为你准备食物和灯光的。继续做你的事。上帝会帮助我们。"

于是，克莱恩搬到了地下室，夜以继日地从事着那神圣而又危险的创作。而他姐姐则精心地守卫和照料他。

就在这个时候，雅典举行了一个艺术品的展览。所有的希腊人都被邀请参加展览会。这次展览在当地的一个市场上举行，伯利克里亲自主持。他的四周站着美女阿斯帕西娅、雕刻家菲迪亚斯、悲剧诗人索福克勒斯、哲学家苏格拉底以及其他许多社会知名人士。所有伟大的艺术大师的作品都陈列在此。有一件作品精美绝伦，远胜于其他作品，仿佛就是阿波罗本人凿刻出来的。所有人的目光都被牢牢吸引了，连连发出感慨，那些参与竞争的艺术家也没有丝毫的妒忌。

"谁是这作品的雕刻者？"传令官问道。

没有人知道答案。他又重复问题，依旧没有答案。

"那么，这就是一个谜！难道这是奴隶的作品吗？"

人群中突然出现了一股很大的骚动，一个美丽的少女被拖到了大广场上，衣着凌乱、头发蓬松、双唇紧闭，却有着坚毅的眼神。

"这个女人，"当地的行政官声嘶力竭地喊道，"这个女人知道谁是雕刻者，我们确信这点，但是她就是死活不肯说。"

这个美丽少女就是克莉恩。她受到了严厉盘问，但是，依旧没有答案。为此她被告知自己的行为所应当受到的惩罚，但是，她依然不为所动。

"既然如此，"伯利克里说道，"法律是神圣不可违背的，而我就是负责执法的人。把这位姑娘关到地牢里去。"

话音刚落，一个年轻人冲了出来，他一头长发、身形消瘦，但那双黑眼睛却闪烁着天才的光芒，未来得及开口就摔在地上，他请求道："伯利克里，请饶恕这个女孩。她是我的姐姐。我才是真正的罪魁祸首。那座雕塑出自我的双手，出自我这个奴隶之手。"

愤怒的人们打断了他的话，群情激昂的人群爆发出这样的喊声："关进地牢，把这个奴隶关到地牢里去！"

"只要我活着，就不允许！"伯利克里站了起来，威严地说道，"看看那座雕塑！阿波罗通过它告诉我们，一些东西可以高于一部不正义的法律。法律的最高目的应该是促进美的发展。如果说雅典会永远活在人们的记忆中，永远受人爱戴，那也是因为她对艺术的贡献使得她名垂千古。不要把那个年轻人关到地牢里去，把他带到我身边来。"

就在那儿，当着所有人的面，阿斯帕西娅把拿在自己手中的橄榄枝花冠戴在了克莱恩的额头上。与此同时，在人群如雷般的掌声和喝彩声中，她温柔地吻了克莱恩深情又忠诚的姐姐。

雅典人还专门为伊索建了一座雕像，他也是奴隶出身。

这两个事例告诉我们，荣誉和成功之门向来是对所有人开放的。

在古希腊，如果一个人能够在文学、艺术或战争中出类拔萃、卓尔不群，那么，财富和不朽的名誉一定会回报他。没有其他国家能够在激励和鼓舞坚持不懈奋斗上做得这么多。

"我出生在一个贫困的家庭，"美国副总统亨利·威尔逊说道，"在我还在摇篮中的时候，贫困就伴随左右。我知道当我向母亲要一片面包而她什么也给予不了的时候，是什么滋味。10岁那年，我离开家，此后当了11年的学徒工，每年可以接受一个月的学校教育，在这 11 年的辛苦付出后，我得到了 1 头牛和 6 只绵羊作为报酬。我把它们换成了 84 美元。从出生以来到 21 岁，我从来没有在享乐消遣上花过 1 美元，从来都是精打细算。我也知道带着疲惫在漫无尽头的路上行走，而不得不请求我的同伴们丢下我先走的滋味。在我 21 岁那年的第一个月，我领着一队人，去采伐大圆木。每天，早出晚归，辛苦做工。终于领到了一个月的报酬——6 美元，那时是多么大的一笔收入！每一美元对我来说，都像今晚的月亮一样，那么圆，那么大。"

威尔逊下定决心不放弃任何一个自我学习和自我发展的机会。很少有人能像他一样深刻地理解闲暇时光的宝贵！他珍惜这些零星时间，仿佛像金子一样珍贵，从不让一分一秒白白浪费，除非他已经尽可能地利用。在 21 岁之前，他已经成功地读了 1000 本好书——对一个农场里的孩子来说，这是多么艰巨的任务！离开农场后，为了学习皮匠手艺，他徒步 100 多英里，来到马萨诸塞州的内蒂克。途经波士顿，那儿他可以看看邦克希尔纪念碑和其他历史名胜。整个旅行只花了他 1 美元 6 美分。一年后，他已经是内蒂克的一个辩论俱乐部的负责人了。后来，他在马萨诸塞州的议会发表了著名的反对奴隶制度的演说，那时他去那里还不到 8 年。

12 年后，他进入了国会，与著名的查尔斯·萨姆纳议员平起平坐。再后来，他成了美国副总统。

3　你就是你，没有复制品

52% 的美国大学生选择法律为专业，多少可怜的人成为医生、律师是因为模仿他们出色的医生和律师父亲!

这个国家里没有各司其职的人太多，也有太多的人做着自己不该做的事，人云亦云，对某种社会风潮不问情由、无论适合与否都趋之若鹜。

但是我们不能由此得出这样的结论：因为一个人倾尽自己所有的能力但没有成功，他就不能在其他任何事情上获得成功。

看看一条挣扎在沙滩上的鱼，尽管这种无谓的挣扎可能会把自己撕成碎片。但是，一个巨浪打来，高过沙滩，覆盖了这条可怜的鱼。此刻，它的鳍可以感受到水，它又是一条灵活自在的鱼了，它像闪光一样冲进浪花。此时，它的鳍就是它的助力，尽管此前在空气和泥土中，无论怎么扑打都无济于事，助力反而是一种阻力。

无论是工作还是其他事情，如果你倾尽全力后仍然失败了，你该回头看看：它是否真的是你所爱好的，或者有你所渴望的成就感？

作为一名律师，考珀是失败的。他太胆小了，以至于不敢为一个案子辩护。但是，他却可以写出非常出色的诗歌。莫里哀发现他并不适合做律师，但他却在文学史上名留千古。伏尔泰和彼特拉克放弃法律行业，前者选择了哲学，后者选择了诗歌。克伦威尔在 40 岁的时候还仍然是个农民。普鲁士国王腓特烈大帝幼年时因为热爱艺术和音乐，不关注军事训练而被父亲辱骂虐待。他的父亲痛恨精美的艺术，因而把他关起来，甚至计划杀了他。然而父亲的去世反而把 28 岁的腓特烈推上了王位。这个男孩因为对艺术和音乐的热爱，曾一度被认为一无是处，却引领普鲁士成为欧洲最伟大的国家之一。

很少有人可以在十几岁的时候，展现出适用于某项工作或学习的过人才智或非凡天赋。绝大部分的男孩女孩们，在 15 岁甚至 20 岁之前，都难决定自己将要做什么谋生。每次都想敲打心灵的大门，渴望拥有某项工作的才能，但却不知道自己的才能并不在此。

你要知道，你就是你，只此一个，再无第二。你没有理由不把上天交给你的这个任务做好。

你要知道，你就是你，只此一个，再无第二。你没有理由不把上天交给你的这个任务做好。

不管是林肯还是格兰特，他们出生的时候都没有入主白宫的才能，或是不可抵挡的统治天下的天赋。因此，即使在摇篮里没有得到天赋才能，也不应该感到失望。

每个人的任务都是做最好的自己，不管命运何时降临，抓住每一个光彩的时机，向前发展，朝着内心的指引。让责任成为我们生命的指路明灯，成功一定会为我们加冕，充分展现自己的才能和勤奋。

如果直觉和天性向往木工手艺，那就成为一名木匠吧。如果向往医学，那就当一名医生吧。坚定地选择，认真地工作，你不会不成功。但是，如果没有直觉向往，或者直觉很微弱模糊，那就谨慎地选择最适合自己才能和机遇的发展路线。无须质疑世界是否需要我们。真正的成功源于做好自己，而这个部分是每个人都可以做到的。

那些曾经被认为是傻瓜或笨蛋的人，在他们都变得非常成功后发现这个世界对他们很友好，但是他们挣扎在挫败和误解的时候一样觉得世界对他们不友好。

给每一个年轻人一个公平的机会、一个公道的鼓励，不要因为一些小错甚至愚蠢而指责他们。因为许多曾经被称为一无是处的蠢人们，当时仅仅是因为处在不合适的地方，就像胖胖的男孩被塞进了方方的洞里。

威灵顿曾被自己的母亲当成一个傻瓜。在伊顿公学，大家眼里的威灵顿又迟钝又懒惰，甚至是全校学生中最不被期待的那一个。在他的身上看不到才能，他也没有进入军队的想法。在父母教师眼中，他的勤奋和努力是他唯一可以弥补一点的性格特征。但是在 46 岁的时候，他打败了在世的除他之外的最伟大的将军。

戈德史密斯是校长的笑柄。获"末名奖"毕业，当时在大学里这是傻瓜的代名词。他曾想进入外科班，但被拒绝了。戈德史密斯发现自己完全不适合医生职业，于是又调剂到文学班。但是，除他之外谁还能写出《威克菲尔德牧师传》或是《被遗弃的村庄》呢？当时，约翰逊博士知道了戈德史密斯即将因为债务被捕，于是他把《威克菲尔德牧师传》的手稿卖给出版商，支付了债务。也正是因为这份手稿，戈德史密斯声名鹊起。

罗伯特·克莱芙在校时，有着"傻瓜"和"恶棍"的臭名，但是在 32 岁的时候，他在普拉西仅带领 3000 人打败了 5 万敌人，为大英帝国在印度的统治奠定了基础。

年轻的林奈被老师们称作笨蛋。因为不适合在教会学习，父母把他送到大学学医。但是一位默默无闻的教师引导着林奈走向植物学。病痛、灾祸甚至贫困都不能阻止他学习植物学。这是内心的选择，最终他成了他那个时代最伟大的植物学家。

理查德·谢里登的母亲曾费尽心思教他最初级的知识，但结果是枉费心机。母亲的去世唤起了他沉睡的天赋，正如成百上千个案例一样。最终他成了他那个时代最杰出的人才之一。

塞缪尔·德鲁曾是邻居眼中最呆板、最无精打采的小男孩。在一次意外中他差点丢了性命。哥哥的去世让他开始万分珍惜生命中的每一刻。他开始用功读书，勤勉学习。他用他所能支配的所有时间来学习，自我提高，甚至边吃饭边看书。他曾说，正是佩恩的《理性时代》使他成了一名作家。因为《理性时代》促使德鲁思考，然后写了一本书否定佩恩的观点，他也因此首次为人熟知，被认为是观点强硬、精力充沛的作家。

有句话曾广泛流传："没有哪个认识到自己天赋的人会

变成一个无用之辈，也没有哪一个杰出的人会错误地判断自己的才能。"

栖息在高处、眨着眼睛的鹰看起来是多么愚笨，但是当它展开有力的双翅飞向湛蓝的天空时，它的眼神是多么敏锐，弯曲的身影又是多么稳健！

4　因为有期待，所以有未来

　　每个人的内心深处都有着种种美好的期待：前途光明，繁花似锦；花好月圆，美梦成真。这种种期待可以转化为巨大的能量，可以成为未来一切的催化剂。

　　我们对自己的一生应该时刻怀有一种乐观期待的态度。什么是乐观期待的态度呢？就是希望获得最令人快乐和最美好的事物。

　　只有对自己的前途有着美好的期待，潜意识才能激发我们做最大的努力。期待安家立业、安享荣华，期待出人头地、获得理想的地位。每一种期待都足以鞭策我们去不断地努力。

　　有些人认为，世界上一切舒适富贵的东西像豪华住宅、漂亮衣服以及旅行娱乐等都不是为他们准备的。他们认为幸福不属于自己，而属于另一个阶层的人。他们认为自己属于劣等阶层，属于没有希望的阶层。试问，一个从骨子里植入了自卑念头的人，他还能获得美好的生活吗？

　　假若一个人志趣低下、品格卑微，对自己没有更高的期待，并且固执地认为世上的种种幸福都不是为自己预备的，那这种人就只能过低贱的生活。

　　你期待什么，便可能得到什么；倘若你什么都不期待，那你肯定就什么也得不到。甘于贫穷的人只能过穷苦的生活。

　　但是，有了对成功的期待，却没有坚定的信念，心中常抱着怀疑的态度，担心自己能力不足，对失败有种种恐惧，也不可能达到目的。只有全心全意期待成功的人，才有可能取得成功。因此，我们必须以积极的、创造性的、乐观的思想为先导，才会向目标一步一步靠近。

　　有些人虽然做事很卖力，但后来仍然一事无成，原因在于他们的想法与其行动不统一。当他们做这件工作时，又在想着其他的工作，这种态度，已在无形中驱散了他们心中的真正渴望。做事不专一，这是使期待无法实现的最大障碍，请牢记这句格言："内心期待什么，即能做成什么。"

　　恐惧常常磨灭了人的锐气，它巨大的力量往往能使生命的源泉干涸。假如你的心为恐惧所占据，那么你做任何事都难以成功。远大的理想、坚定的信仰能够医治人的懦弱，改善人的习惯和品性。期待健康和快乐，期待在社会上有地位，期待将来有美好的生活……这种种期待都是成功的资本，都能促使我们沿着成功之路越走越远。

乐观的期待是每个成功者都应具备的品质。无论目前的处境如何暗淡，他们对于自己的追求始终不渝。这种乐观的期待往往能产生一种巨大的能量，推动他们走向成功。

期待能唤醒我们内心潜伏的力量，使我们的潜能得到充分发挥，倘若没有期待，那些力量便永远沉睡在我们体内了。

无论是谁，都应该相信自己的期待能够实现。不要怀疑，要把任何怀疑的思想都赶出你的大脑，以必胜的信念取代它。在乐观的期待中，投入坚定的信心、奋发向上的干劲，持之以恒，那你一定能取得圆满的成功。

> 无论是谁，都应该相信自己的期待能够实现。

5　有希望，人生就会有奇迹

希望，常常比理想、梦幻更有价值。因为希望往往是将来事实的预言，是指导人们行动的航标。同时，希望也能显示不同人目标、效能的高低。

一些人的希望之火逐渐暗淡，那是因为他们不明白这样一个道理：只有坚持自己的希望才能增加自己的力量，才可能实现自己的梦想。

希望，具有创造性的力量，它有鼓舞人心的魔力；它能使人竭力去完成自己从事的事业。希望，是对才能的弥补，它能使你在实践中增长才干，一步步实现自己的梦想。

上帝是最慷慨的，也是最公平的，只要你有所付出，他就会对你有所回报。人的思想犹如根植于大地的树木，只要这许多思想的根充满活力，人便有了希望。

秋天候鸟飞往南方，是因为南方给候鸟温暖的希望。造物主给人们以希望，是希望人们能去实现更伟大、更完美的使命，是希望人们的人格获得更充分的发展，是希望人们在此生中有所超越。因此，只要付出了你应该付出的努力，你就一定能得到你想要的东西。

当然，希望也应该有它的界限。一些荒诞不经、不合情理的妄想也会把人导入歧途。我们需要的最宝贵的希望，是逐步完善自己的人格，并在相当长的时间内把自己的才能充分地展现出来。

一个人才能的增减，与他对人生的希望密切相关。从一个人的理想志向，就可以看出他的品格以及他全部生命的模样，因为生命的活力是靠理想来支配的。

人会因思想和情感而变得坚定不移。所以，每个人都应树立远大的目标，并下定决心，杜绝卑鄙肮脏的思想支配自己的思想和行动，以坚定的信心向着高尚的目标迈进。

积极进取的思想会反过来促进人的希望，促使人们尽力发挥自己的才干，最终达到最高境界。积极进取的思想，能弥补才能的不足，可以扫除前进道路上的一切障碍。即使那些看似难以完成的事，只要坚定信念、持之以恒，终究会达到目标。希望是事实之母。无论你希望得到什么——健康的身体、高尚的品格或是庞大的企业，只要方法得当，措施得力，就一定能获得成功。

只要有了希望，再辅以百折不挠的信心，就会产生巨大的创造力；有了这种创造，再加上持之以恒的努力，就一定能到达理想的彼岸。但如果徒有希望，而不付诸努力，对希望漠然处之，那么，即便再宏大的理想也会随风飘散，化为泡影。

希望对于成就一个人一生的事业，具有不可思议的魔力。

> **希望对于成就一个人一生的事业，具有不可思议的魔力。**

工程师在建造一座大厦之前，就已设计好了建筑蓝图。同样，在我们的事业尚未开始之前，自己应该确立好自己的目标和希望。

但如果只是希望，而不去脚踏实地地制订计划并实行，那么再好的计划也只是一纸空文，就好比工程师的蓝图设计好之后，不开工还是一堆废纸。

假如你希望改变自己的命运，你就应对自己的希望充满热忱，将它时时铭记在心，并持之以恒地为之努力，直到让它成为现实。

满怀希望的心灵有着令人难以置信的创造力，这种力量能够发挥人的才能，改变人的命运，实现人的理想。

6　如果你自甘贫穷，神仙都救不了你

贫穷其实是一种病态，是千百年不良思想、不良环境、不良生活造成的恶果。贫困是一种极其反常的状态，是为任何人所鄙弃的。无数事实证明：世界上的任何事情，只要肯努力去做，都会获得成功；事业成功后，贫困自然就会离你而去。

假若这世上所有穷人都敢于从黑暗和沮丧中抬起头来，向着光明和自信的方向努力，那么，不用多久，贫困就会自生自灭。可惜的是，很多人想摆脱贫穷，却舍不得努力。

诚然，很多人生来的贫穷并非自己能选择的。然而，很多的贫困是由懒惰造成的。奢侈、浪费、不肯工作、不愿努力是懒惰者的温床。懒惰常常喜欢与浪费携手同行，懒惰的人大都不知节俭，而有浪费习性的人也多不勤奋。

其实，我们自身有很多与贫困势不两立的优秀品格，比如自信和勇敢。有的人虽然遭受了不幸和苦难，虽然身处困境，但却依然能靠这些秉性最终摆脱困境，走向成功。假若一个人失去了自信又缺少勇敢，而甘愿过着畏缩、懒惰的生活，那么，他就一定不能战胜贫困，有所作为。

一个人若立志摆脱贫困，首先要从衣着、面容、态度等诸多方面清除贫困的痕迹；其次要充分发挥自己的卓越才能，勇敢地向着"富裕"和"成功"迈进，无论发生什么事都绝不动摇自己的决心。只有这样，才能凭借自己的自信，发挥潜在的威力，最终摆脱贫困，走向成功。

假若你安于清贫，不思进取，根本不想改变自己贫困的状态，那么你内在的潜力就会消失殆尽，你的一生也就只能与贫困为伴。

还有一种人，他们把贫穷视为自己的命运，不相信自己能摆脱贫困。这种人是最没有希望的了。如果他们不改变自己的思想观念，继续自甘堕落，他们的一生必将在困苦中度过。

有一个美国某名牌大学的毕业生，每周指望着他父亲供给他的 5 美元生活，否则就挨饿。这个沮丧的青年不相信自己能获得成功，他曾经尝试过多种工作，但都以失败告终。

其实，贫穷并不可怕，可怕的是自甘贫穷、乖乖被命运束缚。有些人认为贫富自有天定，这真是荒唐的想法。

假若你认为周围一片黑暗，认为前途暗淡无光，那么你就应该立即回头，走向另一面，朝有希望、有阳光

> 贫穷并不可怕，可怕的是自甘贫穷、乖乖被命运束缚。

的方向奔去，将一切黑暗抛在身后。

在这个世界上，每个人都有属于自己的位置，我们应该相信并下定决心去努力争取。争取美满的人生是天赋的权利，无数的人因为捍卫了自己的这种权利，向着自己的目标勇敢前进，最终摆脱了贫困。

7 世界变化如此之快，不要把自己跟丢了

一杯新鲜的水，如果放着不用，不久就会变臭。同样，一家经营得很好的商店，店主如果不时刻做出更好更新的改进，其经营也必定会逐渐地衰退。

变化是这个世界上唯一不变的真理。

> 变化是这个世界上唯一不变的真理。

一个积极的成功者的特征，就是他能随时随地求进步。他深惧退步，害怕堕落，因此总是自强不息地力求改进。

一件事做到某一个阶段后绝不可停止下来，而应该继续努力，以达到更高的高度。一个人在事业上自以为满足而不再追求进步时，便是其事业由盛转衰的开始。

每天早晨，我们都应该下定决心：力求在职务上做得更好些，较之昨日当有所进步；而晚上离开办公室、工厂或其他

工作场所时，一切都应当安排得比昨天更好。凡是能这样做的人，在短短一年内其业务必定有惊人的成就。

不断改进这一习惯具有极大的感染力。不断改进的雇主会感染自己的雇员，使得雇员们也养成习惯来改进日常的工作。

如果雇主能通过这种做法激励自己的雇员，促使他们自觉地努力，那么，这样的雇主在他的事业生涯中相当于获得了强有力的同盟者。

一个想成就大业的人必须经常同外界接触，经常同其竞争者接触，应当前往模范店铺、商场、展览会以及一切管理良好的机构团体参观访问，借鉴新的、有效的管理方法。

美国芝加哥有一个成功的零售商，他利用了一个星期的假期参观访问国内的大商场，由此他得到了改良自己商场的办法。在此之后，他便每年到东部旅行，专门研究几家大规模商场的销售方法和管理方法。他认为，这样的参观是绝对必要的。否则，墨守成规、一成不变地做下去，必定会走向失败。

那个商人说，他的商场经过几番改进后和以前大不相同了。以前从未注意的缺点比如货品的摆设不能吸引顾客、雇员工作的不认真等，在经过对优秀同业者的参观后都一一浮现在脑海，引起了他极大的注意。于是，他开始大刀阔斧地调整，比如改变橱柜的陈列、辞退不忠于职守的雇员等，这样做以后，店内的气象焕然一新。

一个从不出自己店铺大门、不与他人或者其他商店沟通的人，对自己商店的营业、店员的缺点往往都是盲目的，他们往往对各种问题都不易察觉。所以，要使自己的店铺发达，唯一的方法就是使新的光线进入店铺，这就需要经常去看看同行的做法，与同行的沟通交流往往可以作为改进的借鉴。

人的身体之所以能保持健康活泼，是因为人体的血液时刻在吐故纳新。同样，从事商业活动的人应该时常吸收新鲜的思想，获得改进的方法。唯其如此，其事业才能一天一天地发展起来，直至成功。

只有才能出众的人才会领悟到时刻改进的巨大价值，才会用客观的态度去观察别人的优点，考察自己的缺陷，以求得改进。

那些总是生活在同一个环境中的人必定要走入失败的迷途。他们往往对现实状况心满意足，对存在的缺陷又毫无觉察。对于这种种缺陷，他们如果不变换自己的环境，是绝对发现不了的。

一个旅馆的经理，在他踏进另一家旅馆的刹那间，便会注意到许多应该加以改进的事情。他在很短时间内所看到的值得改良之处，一定要比那旅馆中终年不外出的主人在一年中看到的更多。

然而，大多数人的弊病是，他们认为，要改进自己的事业必须是在某个节点上整体地改进。他们不知道改进的唯一秘诀乃是随时随地求改进，在小事上求改进，所谓大处着眼、小处入手就是这个道理。其实，也只有随时随地地求改进，才能收到最后的成效。

所有的人如果都能每天想想这句话，他们的工作一定会收获甚大："今天我应该在哪里改进我的事务？"

我认识一个人，他在事业起步阶段就把这句话作为格言，从他所做的事业上可看出这句话具有无穷的影响力。他随时随地求进步，结果他的办事能力达到了一般人难以企及的程度。他所做的事业也没有粗制滥造、杂乱不堪和半途而废的，最终都能圆满地完成。

世界变化如此之快，请加快脚步，跟上步伐。

8 你想要的，请自己给自己

一位伟大的艺术家深知逆境出人才的道理，所以当有人问他，那位跟他学画的青年能否成为一位伟大的艺术家时，他便坚定地回答："绝不可能！因为他每年有 6000 英镑的丰厚收入！"

艰难的环境能够造就最杰出的人才，而优越的环境只会令人堕落。安德鲁·卡耐基曾经谨慎地说："不要羡慕那些富家子弟的优裕的生活，实际上，他们已经做了财富的奴隶，他们身陷贪图享受，走向堕落的泥潭。"温室里的花朵怎能与那些在寒风中争艳的红梅相提并论？同样，优越环境中成长起来的孩子绝不能与那些出身贫苦的孩子相比。虽然贫苦孩子上不起学，即使上了学，也多半是毕业于普通学校，因贫困而读书不多的安德鲁·卡耐基后来成为钢铁大王仍过着平凡的生活，但是一旦他们具备了成功的条件，必将做出惊人的事业。

摆脱贫穷的唯一方法就是在逆境中艰苦奋斗、努力拼搏，奋力从艰难的境遇中挣脱出来。如果人类在诞生时就衣食无忧，不必为生存去奋斗，那么直到今天人类可能还处于原始状态，人类的文明也可能还处于"幼稚的童年时代"。

历史上那些发明家、科学家、商人、政治家、企业家、哲学家、外交家，哪一个不是苦孩子出身？哪一个不是在巨大的生存压力下努力奋斗，最终获得了事业上的成功？

在美国，很多外国移民最初并不懂英文，也没接受过什么教育，他们生活无助、就业无门，但却通过自己的努力奋斗成就了伟大的事业，建立了自己的家园，得到了自己梦寐以求的荣誉，拥有了万贯家资，这些成就足以让那些出身优渥的美国青年们自愧不如！因为他们每天只沉湎于幻想中，盼望着成功从天而降，却不知自己在虚度青春时，已成了碌碌无为之人。

一个人如果好逸恶劳、贪图享受，那么他一定是一个生活的失败者。因为伟大的人物都是从苦难中走来的。"没有经历困苦的人，生命中总有一种缺憾。"这是一个成功人士

> "没有经历困苦的人，生命中总有一种缺憾。"

的亲身体验。

艰苦环境中造就出来的成功人才正如森林中的橡树，在经历了狂风暴雨之后长得高大挺拔。如果一个人总是在别人的呵护下生活，他哪儿还有为自己的前途而奋斗的念头？当然也就不会成就惊人的伟业了。养尊处优的年轻人只知虚度自己的青春年华，无意在人生的旅途上乘风破浪，那么他的人生价值就永难实现。

格鲁夫·克利夫兰说过："贫困能够激发人的潜能。"贫穷是健身房里的运动器械，它可以使你的人格更加强健，因此，贫穷是敦促我们努力的动力。安德鲁·卡耐基也说："一个年轻人最大的财富就是出生于贫贱之家。"贫穷原是束缚人生的东西，但奋力去摆脱贫穷会使你拥有更多的快乐。

克利夫兰曾经两度出任美国总统，谁会想到他曾经是个年薪只有50英镑的穷苦店员呢？后来，他常常回忆这段经历，并深有感触地说："贫困能够激发人的潜能，并让人积蓄力量为之奋斗终生。"

在优越的环境中长大的青年人，心中少有为事业而奋斗终生的思想，因为他们无须奋斗便已拥有一切。事实上，人们努力工作固然是为满足自己的生存需要，但更重要的是为了实现自己的人生价值，造福人类社会，推动人类文明的车轮向前滚动。

曾有人在年轻人中做过一个调查："请问你是如何看待努力工作的？"一个生活优裕的青年回答："每日早出晚归，努力工作，有什么意思？我已有足够享用一生的财富，没必要这样辛苦了。"而一个家境贫寒的青年却说："我生活无着，只有努力工作才能够吃饱穿暖。除了努力工作，我没有第二条路可走，自己的前途只能靠自己去努力创造。"

那些努力奋斗的青年会得到上帝的偏爱，得到丰厚的资产和优越的地位，还会拥有上帝赐予他们的高尚品格。而那些生活优渥的青年在游手好闲后只能过着平庸的生活。

上帝是公平的，它给人的机会是均等的。在大学里，谁都可以接受严格的训练，获得完成工作的技能。至于那些经由努力得到的资产和享有的荣誉，都只是些意外的收获。那些在困顿中奋发有为的青年绝不会永远困顿下去，因为上帝一定会以巨大的成功去回报他的努力。

摆脱贫穷的唯一方法就是在逆境中艰苦奋斗、努力拼搏，奋力从艰难的境遇中挣脱出来。斯潘琴说："从苦难中走来的人，他的生命才变得伟大。"人的杰出才干是在烈火冶炼、坚石磨炼中煅造出来的。

世界上许多人没能激发出他们体内潜伏的力量，是因为没经历过苦难的磨炼，因此其才能便得不到淋漓尽致的发挥。只有努力奋斗才能挖掘内在潜力并进入成功境地，获得想要的东西。

苦难与挫折是我们的恩人。当苦难与挫折出现时，我们内心的力量会克服挫折，抵制苦难的力量就会得以发展。森林里的树木被暴风雨摧残了千百次，反而越长越挺拔，就是这个道理。人们承受各种痛苦、折磨，同时也得到了启发与锻炼。

在克里米亚的一次战争中，一座美丽的花园被炮弹炸毁了，可是在那个弹坑里却流出一股清泉，后来竟成了永久不息的喷泉。不幸与苦难在给我们带来灾难的同时，也让我们看到了新的希望。

人往往在失去一切、穷途末路时，才发现了自己的力量。困难与挫折就像凿子和锤子，把生命雕琢得愈加美丽动人，苦难的折磨使人发现更为真实的自己。一位著名的科学家说过："只有在难以克服的困难面前，才会有新的发现。"

失败所激发的潜力能将睡狮唤醒，引人走上成功的道路。有勇气的人会把逆境当作机遇，就像河蚌能把沙泥变成珍珠一样。

雏鹰刚能起飞，老鹰就将它们逐出巢外去锻炼飞翔，有了这种锻炼，它们才能勇猛敏捷地追逐猎物，才能成为百鸟之王。一个在幼年遭遇挫折的人，长大后会很有发展，而一帆风顺的人反而不会有大的出息。钻石越坚固，光彩越夺目，而要其光彩显示出来，还需要外力的琢磨，贫穷与苦难能激励人奋进，也能坚定人的思想。

没有外界的刺激，人体内的力量将永远不会发挥出来，就像火石不摩擦就不会发出火光。

塞万提斯在监狱里写就了《堂·吉诃德》，当时他穷得连稿纸都买不起，只能用小块皮革写。有人劝一位富人资助他，富翁说："上帝不让我去救济他，因为他的贫穷会使这世界富有。"《鲁滨逊漂流记》《天路历程》《世界历史》……这些著作都是作者在监狱中完成的。逆境能唤起高贵人士心中沉睡的火焰。

马丁·路德是在被监禁于华脱堡时将《圣经》译成德文的；但丁被判死刑，在被放逐的20年中仍不知疲惫地工作；约瑟被关在地坑和暗牢里受尽折磨，后来终于做了埃及宰相。

世界上最美的诗歌、最智慧的箴言、最悦耳的音乐，很多是由受尽异族压迫的犹太人贡献的，正是不断的压迫使他们繁荣。他们把困苦视为快乐的种子，正如因为隆冬的严寒杀尽了害虫，植物才能更好地生长一样。

音乐家贝多芬在两耳失聪、极度贫困时创作出伟大的乐章；席勒被病魔缠身 15 年，却写出了最好的著作；弥尔顿双目失明，却写出了不朽的《失乐园》。所以，为了更大的成就与幸福，班扬说："如果可能，我愿苦难降临到我身上。"

　　一个真正勇敢的人，越是身处逆境，就越是奋勇向前。他们不胆怯不畏缩，昂首阔步，意志坚定，敢于向任何困难挑战；他们藐视厄运，嘲笑挫折，贫穷不能压垮他，反而增强了他的意志、品格、力量与决心，使他们成为最有才华的人。

　　对这些人，命运也挡不住他们的人生。

　　所以，苦难与挫折是我们的恩人，请感激它们，并自己去争取想要的一切。

9　出发之前，请先整理好行囊

　　要做成一番事业，首先必须有一笔资本，你的资本在哪里呢？它就在你自己身上。

　　盖房屋必先画图纸，修路不能把筑路的材料随地乱铺，雕刻绝不是在石头上随便乱刻。同样的道理，做任何事情都得先做好计划与准备，想要避繁就简成就事业，或者想不付出辛劳而获得成功，这样的事情古往今来从未有过。

　　自古以来就少有这样的例子：年轻时没有打好基础的人到后来竟成就了大的事业。那些获得成功的杰出人物之所以在晚年能够收获一生的美满果实，大都是因为他们在年轻时就播下了成功的种子，这就好比远行之人先要准备好行囊一般。

　　许多青年人有急功近利的心态，这是非常不好的。其实，我们对任何事都不应该急于求成，而应该先在自己的大脑中一点点地储备学问与经验，积累将来成功的资本。要知道，今天社会上需要的是受过良好教育、品质可靠又训练有素的人。汉密尔顿说过："这个时代需要的是训练有素的人。"的确，过去美国需要大量的各种工作人员，任何人不管受教育程度怎样，只要品行尚可，做事有条理，随时都可以获得一个工作，但如今的情况已不比昔日。老实说，如果我现在是一个刚跨入社会的年轻人，对于那些自己毫无经验、又没有什么把握的工作，还真的不敢接受。

也许你因家境贫寒不能到专门学校或高等学院去学习，但是你总可以抽出一些时间来强迫自己学些知识。如果你每天都能挤出一个小时来专门学习一门学科，长此以往，最后积累的知识必定非常可观。这样的做法与习惯，要比心无定所、信手闲翻无用的书好得多。

无论在哪里，如果你发现一个青年人很注重让自己的生活变得充实，提高自己的学识，也从不浪费自己的空闲时间；不仅如此，他还经常关注与他事业相关的信息，总有一种乐观积极的心态，做起事情来非常敏捷，善始善终，那么可以断定他的前途一定很光明。

但我们也经常看到这样的例子：一些体格健康、受过良好教育也有处理事务经验的年轻人，按理说可以做出一番事业来，但他们却过着平庸的生活，甚至在事业和生活上一败涂地。这是因为他们年轻时不肯努力求知，而到了必须处理各种困难时，无力应付，只能后悔莫及！

我时常收到一些中年人寄来的信，他们在信中为自己年轻时错过了求学的机会而后悔。有的说，由于学识上的不足，错失了一些很好的工作机会；也有的说，尽管如今积累了很多财富，但因知识贫乏，无法有更大的成就。一些有经验、有资本也有天赋的人，就是因为缺乏学问上的足够训练，无法胜任他所想要的工作，无法完成他所向往的事业，这是多么可悲啊！

最可怜的是那些不学无术，上了年纪后再也无法弥补学识的人，他们也没有更好的经济条件，连普通人的生活水平都达不到，他们既谈不上有什么志趣又缺乏自信，这样的人生实在没有什么意思！

我们必须懂得"书到用时方恨少"，平时努力积累的经验和知识，在危急关头，往往是我们最有力的支持者。比如，一个建筑师平时工作时只用到他的一点知识，就足以把手头的工作完美完成，但在紧急而重要的情况下他就要用到他所有的技能、学识与经验。在那种情况下，他过去所积累的全部"资本"才会显露出来。又如一个商人，他在平时大可不必大显身手，但要想成为一个出色的商人不能永远就这样下去，因此，他必须要做好更充分的准备，训练更高的本领，以便拓展业务，或者应付经济萧条的岁月。同样的道理，一个青年人刚跨入社会时在知识与才能上也要做好相当的准备，可能在事业初创时一点儿学识便足以应付当时的工作，但等到事业发展起来了，所有的学识都拿出来用，有时还显得不够。

一个人积累的学识与经验是他获得成功的最重要资本。要积累这些资本，你就必须集中精力、毫不懈怠、积年累月地去做。这些力量一旦能储蓄起来，就是无价之宝，所以，每个人都要趁着年轻，珍惜时间刻苦努力，否则他将来的"收获"一定有限。

储备于你体内力量的多少，可以从你的性格上和工作效能上看出来，还可以从你周围的人对你的评价中看出来。但是，你积累了这些力量就一定能够成功吗？

迈克尔·安吉罗先生去看望他的一个画师朋友莱菲尔，恰逢莱菲尔外出，安吉罗先生就在画布上写下了"了不起"三个大字，表示对朋友工作的钦佩与鼓励。莱菲尔回家后看到这几个字，兴奋不已，并且在心里鼓励自己要更加努力。"了不起"这三个字，也希望你把它牢记在心，最好把它写出来贴在你的办公室或卧室里，经常默诵，通过这种自我激励而生的内心感应对你的影响必定是巨大的。

在业务上没有进展，是你获得成功的最大障碍。当你刚离开学校时，也许心中抱着很大的希望，要全力以赴成就一番事业；或者打算勤学苦读，以求得学识上的进步；或准备拥有一种令人愉悦的社交生活；或组织一个温馨舒适的小家庭。但是等到你真正踏入社会、开始工作时，外界的种种诱惑就开始向你袭来，它们使你无法安心学习，无法安于目前的工作，甚至使你沉沦、堕落。一旦你对职业和工作本身没了兴趣，那么你的一生就到此为止了，人生原有的一切快乐、幸福、舒适都会离你而去。除非你能幡然悔悟，改过自新，否则，虽然年岁渐长，但你的才能却日日退化，以后的岁月只能在失败、惨淡中度过。

现在就要下定决心！立即行动！不管你现在的境况如何，你千万要记住三个字："要上进"！你不要把

> **不管你现在的境况如何，你千万要记住三个字："要上进"！**

一天、一个小时甚至一刻钟随意浪费在没有意义的事上，在知识、经验、思想上每时每刻都得有所进步。如果你确实能做到这一点，那么即使你遭遇到了经济上的失败、工作上的

挫折，你也必定还有力量，必定还能东山再起。一个有真才实学的人无须担心时运不济、阻力重重，即使没有大笔的财富，别人仍然会重视你、尊敬你。而你所拥有的巨大的无形财富，就是你出发前的行囊，这些都是别人难以企及的。

第 2 章
成功之路从来都荆棘满布

1 你不积极，谁替你主动

　　在今天的社会上，有不少年轻人因为种种原因陷入颓废的境地，他们常对别人说："过一天是一天了"，"能混口饭吃就不错了"，"怎么做都不至于丢掉饭碗吧"！

　　他们实际上已经承认了自己人生的失败，根本就谈不上什么"进步"与"成功"。

　　年轻人，快提起精神，积极行动起来吧！振作精神能够使你的生活变得充实起来，并使你重新获得无穷的乐趣。如果终日萎靡，做什么都不会有进步。你必须以你的全部精力与体力去完成工作，每天都要使自己的能力有明显的进步，经验有相当的积累。因为所有的工作都可以增加我们的才能，丰富我们的经验。如果一个人能振作起来，并且持之以恒，那么他的收入不久将会有质的飞跃。

　　世界上没有一件伟大事业是只想"填饱肚子"的人或者

"得过且过"的人干成的。做成这些大事业的，都是那些意志坚定、心怀抱负、不畏艰苦、积极主动的人。

试问，一个想创作传世名作的画家，如果拿笔的时候心不在焉，画画时也有气无力，只是东涂西抹，那么他能画成一幅传世名作吗？

对一位想写出名垂千古的好诗的大诗人来说，对一个想写出一部为人传诵的名著的作家来说，对一个想在一门有利人类的高深学问上有所成就的科学家来说，如果他们工作时也无精打采、草草了事，那么他们能有成功的那天吗？

豪勒斯·格里利先生说，如果想把事情做得完美，就非得有深邃的目光和十分的热忱不可。一个生气勃勃、目标明确、深谋远虑的人，一定会接受任何艰难困苦的挑战，会集中精力向前迈进。他们从来不认为生活应该"得过且过"，所以，他们的生活每天都是新鲜的，他们每天都在按计划进步，他们知道，一定得向前，不管是进了一尺还是一寸，最重要的是每天都在积极进步。

大音乐家奥雷·布尔实在是最好典范。

这位举世闻名的音乐家在舞台上一拿起他的小提琴，听众们就会为之倾倒。奥雷·布尔的音乐就好像微风送来的阵阵花香，使人们忘掉了一切烦恼、辛劳。

那么，奥雷·布尔是如何获得成功、成为一代音乐大师的呢？

在他小时候，父亲就强烈地反对他学小提琴；与此同时，贫穷与疾病也总是与他如影随形。但是，奥雷·布尔有充分的热忱和专心致志的态度，这使他最终克服了一切障碍，成为闻名世界的大音乐家。

世界上有太多的人在糟蹋自己的潜能和才干，每当遇到必须由他们自己来负责的事情，他们总是习惯性地躲开，恨不得立即有人伸出援手来帮助他们、保佑他们。

在这些得过且过、消极懈怠者的眼里，世界上一切好位置、一切有出息的事业都已人满为患。的确，像这样懒散成性的人，无论走到哪里都没有人需要。各行各业需要的是那些肯负责任、肯努力奋斗、有主张有见地的人。

有些年轻人在心里常常这样想："我不想做一个一流人物，只要做个二流人物就满足了。"

这种人的想法其实一点儿不高明，如今社会上如同滞销的劣货一般不为人所需的人，大都怀着这种心理，他们永远无法跻身一流行列。

二流的人物像二流的商品，除非别人找不到一流人物，才会将就着用。但用人者总是希望找到一流人物为自己的机构服务的。

无法跻身一流行列的人，自然就成了社会生存竞技场中的失败者。原因可能是多方面的，有的是因为从小生活在不良的环境中，不自觉染上了坏习气，难以自拔；有的是由于没能受到良好的教育，或没有受过完善的为人处世的训练。

> **无法跻身一流行列的人，自然就成了社会生存竞技场中的失败者。**

一个人唯有靠自己的奋斗，竭尽心智、克服重重艰辛谋到财富和成功，才算得上真正的光荣，才能获得他人的信任和尊重。如果你现在的一切并非经自己的努力，而是通过其他方式谋到的，那么你做起事来感觉一定不会太好。假如你的职位是得于父母的关系，你一定会觉得工作非常生疏难做，因而常常没有太大的兴趣。这些重要的职位绝非浅陋的学识、低劣的才干胜任得了，所以，在这个并非你自己谋得的位置上做事时便会到处碰壁，那时，你仍愿意在那个位置上继续干下去吗？

我们经常可以看到这样的悲剧：一位富商把自己毫无本领的孩子安置在自己的公司，职位还高人一等。在他手下做事的普通员工几乎都比他努力，经验丰富。试问，如果那孩子稍有些见识，会怎么想呢？他一定会感到羞愧难当。其实，他自己心里也明白，这个职位应该由一位在商界工作多年、精明能干、富有经验的人来担当，而自己现在仅仅因为父亲的关系占据着高位，几乎是不劳而获。只要他觉察到这个问题，一定会觉得这有损自己的自尊，无法昂首挺胸地做人。

请牢记：如果财富与成功的获取不是靠自己的埋头苦干，不是基于自己过去的业绩，那么即使获得了，也毫无意义、毫无价值。

2　过分敏感就是示弱

许多人都有一种很奇怪的想法，他们一看见陌生人就想赶紧躲开。这种过分敏感的心理是一种弱者的表现，是成功的障碍，若不能改掉，就绝无成功的可能。世上不知道有多少人因为神经过敏而陷于人生困境。

我认识许多受过高等教育也有正当职业的年轻人，只因神经过敏，无法忍受别人的一句批评、一句劝告，就无法得到发挥潜能的机会。这种人常常会因为在办公室或其他地方遇到一些微不足道的小事，神经就受了很大的刺激，感到悲痛欲绝。这种人随时随地都会疑心他人，对他人本无深意的行为做种种丰富的联想，到后来，不但总是心情不好，工作效率也一再降低。

多年前，我曾经看见报纸上刊载了一个"因神经过敏而走上自杀之路"的悲剧。讲的是一个年轻的女孩子，小时候家境富裕，也很快乐，后来父亲去世，家道衰落，为了自己和母亲的生活，她不得不去工作。后来，她在纽约的一个商行中做速记员，工作努力，但由于娇生惯养生就了一个很致命的弱点：神经过敏。因为衣着不体面，生怕别人笑话，她处处躲闪，努力避开那些穿着时髦的女同事，因此被人看成"怪人"。

一天，有位男同事问她："你为什么不像别的女孩子一样打扮自己呢？"她听后痛苦至极，抱头痛哭。自此她的神经过敏越来越严重，并因此丢掉了工作。她知道别的女孩穿着时髦，是因为家境富裕，而不像自己，要靠工作谋生。于是，在某一天，绝望的她买了一瓶石碳酸，结束了自己年轻的生命。

神经过敏的人像含羞草一样，一遇到外界的刺激，便立刻收缩、封闭。有的因此找不到工作，或工作难长久，甚至事业衰落、失败。

教师中也有神经过敏者，当家长或学生与学校当局稍有责难，或社会稍有流言，就会使他们感到紧张和坐立不安。

文人与作家因为神经过敏遭受无谓的煎熬。有位评论家不仅神经过敏，而且易怒，无论在哪里都工作不长，当他遭遇别人质疑或听到别人的反对意见，便难以忍受；如果有人对他的工作提意见，他便认为是奇耻大辱。

神经过敏是一种严重的缺点，它往往会成为阻碍你发展的一个可怕毒瘤。神经过敏还容易使人养成种种恶习，比如妄自尊大、做作等；神经过敏者还常常自己骗自己，遇到琐碎的小事也把它看得很重要，结果只是自寻苦恼。

神经过敏是一种严重的缺点，它往往会成为阻碍你发展的一个可怕毒瘤。

一个神经过敏的人时时都觉得别人正在注意自己，仿佛别人所说的话、所做的事都与他有关，从而错误地认为任何人都在谈论他、监视他或耻笑他。但实际上他总在注意别人，而别人从未注意过他。

神经过敏不但是愉快和健康的敌人，也是自尊心的敌人。聪明人都该根治这个毛病，要时时保持身心健康、头脑清晰，要努力塑造自己的人格，重建自己的自信心。

多与别人交往能医治神经过敏。与别人交往时要少在意自己内心的那些细微感受，尊重交往者的才干与学识。坚持下去，慢慢你就可以医治这一心理疾病。要想解除这种病症，还要有坚定的自信心。要坚信自己是一个诚实、能干、守信的人，这种自信心一旦形成，就很容易把心理怯懦、时时猜疑的毛病改掉。

3 你可以成为吸引周围人群的吸铁石

良好的气质、儒雅的风度对年轻人的未来会产生非常有利的积极影响。一个有风度的青年人往往能成为吸引周围人群的吸铁石，谁都愿意与他交往。

而一个脾气古怪的青年人，谁会愿意和他打交道呢？我们活在世界上，所向往的是快乐和舒适，而不是冷酷与烦恼。

所以，一个脾气古怪的人就是本事再大，也不会有什么发展。经常会有一些学识渊博、才华过人的人总感到奇怪：为什么自己争取不到好的位置？其实他们不明白，自己的脾气成了成功道路上的最大阻力。

没有哪个店主会喜欢那些行为粗鲁或无精打的员工，他们喜欢的是做事敏捷、生气勃勃、令人愉悦的人。那些浮躁不安、吹毛求疵、惹是生非、为人刻薄的人永远无法受人欢迎。

一些不易为人们注意的小事往往比一些人人都关注的

大事更易影响业务的拓展和事业的发展。对事业成功阻碍最大的，莫过于不谦虚。缺乏谦恭的品质、狂妄自大的人不但在事业上易于失败，还会因为这些不良的习性而丧失生活上的乐趣。

每一个人都应该改掉阻碍事业成功的种种不良习惯，比如举止慌乱、行走无力、急躁不安、言语尖刻等，因为这些小习惯都会成为失败的罪魁祸首。

很多人在无意中养成了不肯谦恭、妄自尊大的习性，以致阻碍了他们的成功。所以，渴望成功的人都应该不断对自己平时的习惯做深刻的反思，把那些会阻碍成功的劣习一一列举出来，然后逐一突破。如果你真的发现自己确有某些不良的习惯，就要勇于承认，不要借口搪塞，而要将这些不良习惯逐一改正。若能持之以恒，你必然会有大的收获。

诚实与自信当然是一个向往成功的青年人应该具备的重要素质，但是要获得成功还需要一种必不可少的资本，那就是良好的教养，这是每个人的终身事业。良好的教养会让你在与人会面时留下良好的第一印象，其重要性不言而喻。一个粗俗不堪的人怎么会给人留下好印象呢？令人反感的结果是无法赢得他人的信任与合作，处处碰壁。而一个态度良好、待人和善亲切的人，即便长相普通，甚至身有残疾，仍然会比那些眉清目秀、身强力壮，但态度粗鲁的人更易受到人们的欢迎。

世界上有太多的人才能一般，却靠着他们良好的教养，做到事事顺利、事业有成。

当著名金融家乔治·皮博迪先生还在一家商店做小职员时，有一次，一位老妇人来买东西，但是她想买的东西在皮博迪先生供职的店里没有。皮博迪先生很和善地向老妇人道歉，然后，他又特地领着那位老妇人到别的店去，帮她买到她需要的东西。后来，这件事竟然使那位老妇人感激了一生，到临死之前，老妇人还在遗嘱中列出一条：对皮博迪先生这种以礼待人的人要给予相应的报答。

我的一位朋友年轻时非常穷困，后来他勉强备齐了一小笔资本，在农村开了一家小杂货店。商店开张后，他对所有上门的顾客都和蔼亲切、彬彬有礼，并且表示出对他们事务的关心和兴趣。他热心地去做一切可以为顾客带来便利的事情，后来他声名鹊起，连离他商店较远的人们也来买东西。由于这一原因，他的经营规模也随之迅速扩大，如今他已在附近地区开设了多家连锁店。

有些经营规模很大的商店之所以能够门庭若市，就是因为他们的老板选用了许多态度可亲、令人愉悦的店员，从而使自己商店的声誉不断上升。

我也见过几家生意本来不错的商店，就因为辞退了一些态度可亲、令人愉悦的店员，而使生意一落千丈，如今已是门可罗雀了。

法国巴黎有家著名的藩马齐公司因为非常注意店员的态度而生意兴隆，纽约也有两家类似的百货公司，都是以店员服务态度的良好而闻名。

许多人因为缺乏良好的教养，在待人接物上自大、蛮横、粗鲁、生硬。这种人如果还不自知，前途必定一片灰暗，做什么事也不会顺利，就更谈不上有什么大的成就了。

如果一个人从小就受到关于"做人态度"的教育，那么长大成人后自然就会拥有良好的态度。由于拥有优秀的品格和良好的态度，这种人将来就容易成功，在他走向成功的路上，良好的教养也将成为其最大的资本。

一个态度和善可亲、学识渊博的人，与那些巨富却不得人心、脾气古怪的人相比，真是有天壤之别。

如果把你的社会关系比作一部机器，良好的教养就是这部机器中的润滑油。当缺少润滑油时，机器一定会发出嘈杂的噪声，令人避之唯恐不及。

良好的教养还是一块吸铁石，能让人们乐于聚集在你身边。

如果我们社会上每个人都受过良好的关于待人接物态度的教育，我们置身的社会不知道会平添多少快乐。那样，无论我们走到哪里、遇见谁，都会感到我们的社会充满了愉快、亲切、和谐的气息。

> 如果把你的社会关系比作一部机器，良好的教养就是这部机器中的润滑油。

4　不要在沮丧之时匆忙行事

人在沮丧之时，决断会陷入歧途。所以，这个时候不要去处理重要问题，更不要决断一些事关自己一生的大事。

当一个人精神受到了创伤，感觉很沮丧、需要抚慰的时候，他是没有心思考虑任何问题的。

有些女孩内心极度悲伤时，竟会决定嫁给自己根本不爱的男人。有些男人当事业暂时受挫时便宣告破产，其实只要他们继续努力，是可以成功的。还有些人在受到严重刺激及痛苦的煎熬时，竟会想到自杀，虽然他们明白自己迟早可以从这痛苦中解脱出来，但当他们的心灵与身体受着极大的痛苦或煎熬时，便会失去理智，做出不正确的决断。

虽然在绝望和沮丧之时做一个理智、乐观的人很难，但唯其如此才能彰显出成功者的真正本色。

当一个人事业不顺，人人都认为这件事根本没法成功、再坚持下去很愚蠢的时候，这个人却没有动摇，依然努力工作，执着地坚持下去，这个时候便显示出了他的毅力。

有一些年轻的作家、艺术家和商人，事业上稍遇挫折便立刻放弃转行做一份根本不适合自己的工作。结果后来对新的职业也失去了兴趣，想放弃又怕再重蹈覆辙，被别人笑话，只能勉强应付着混下去。

当遇到挫折时，一个懦夫对他说："你做这件事，既没方法，也无力量，还是回家去享清福吧！因工作而牺牲这么多，太愚蠢了！"

有的年轻人受到了这种观念的蛊惑，意志开始动摇，一遇挫折便开始想家。随即就放弃了自己的工作，回到家中，又回到了自己以往要努力挣脱的生活当中。

他们不明白，如果再坚持一下，就会有光明，就会成功。还有一些年轻人出国去学习音乐和艺术，也经受不了挫折和思乡的痛苦以致辍学回国，回来之后又为自己意志不坚懊悔不已。

还有许多学医的年轻人因为觉得学习解剖学与化学很辛苦，又对实验室里的环境感到厌恶，便辍学回家，打碎了自己做一位白衣天使的梦想；一些年轻人学法律，读到艰深、复杂的部分，便丧失了信心，辍学回家。这些人因为缺乏勇气，遇到困难扭头就走，所以等待他们的只有失败。

一个成功的人要做到：他人放弃，自己坚持；他人后退，自己向前；即使眼前是黑暗，自己还是要努力。

一个成功的人要做到：他人放弃，自己坚持；他人后退，自己向前；即使眼前是黑暗，自己还是要努力。

生活中有许多人到了老年还壮志未酬，才开始悔恨自己年轻时意志不坚。他们常说的话是："如果当初遇到挫折时，能坚持下去，恐怕现在也已成就一番事业了。"

无论前途是怎样暗淡，心情是怎样郁闷，当你在对重大事情进行决断时一定要保持愉快的心情。尤其是决定关系到自己一生前途的问题时，更要在身心最快乐的时候决断，那是你最清醒的时候。

一个人有时做出糊涂的判断、糟糕的计划，是因为那时大脑里一片混乱。

人在恐惧和失望时是不会有精妙的见解和正确的判断的，因为正确判断的基础是健全的思想，健全思想的基础是头脑清醒、心情愉悦。心情差的时候精神不易集中，所以这时切记不要做决断。要计划、决断什么事情，一定要在头脑清醒、心神镇静之时进行。

5　狭路相逢勇者胜

世上最可怜的就是那些举棋不定、犹豫不决的人。一旦遭遇事情，这种人所能做的只是找寻他人商量，寻求他人的帮助，而不是取决于自己。实际上，这种主意不定、意志不坚的人，既不会相信自己，也不会为他人所信赖。

有些人简直优柔寡断到了无可救药的地步，他们往往不敢决定任何事情，不敢担负起应负的责任。之所以这样，是因为他们不确定事情的结果会走向何方——究竟是好是坏，是凶是吉。他们常常担心今天对一件事情做了决断，明天也许会有更糟的结果发生，以致常常对今日的决断产生怀疑。许多优柔寡断的人根本不敢相信他们自己能解决重要的事情。因为犹豫不决，很多人都会使自己美好的想法陷于破灭。

虽然说决策果断、雷厉风行的人也难免会发生错误，但是他们总要比不敢开始工作、做事处处犹豫、时时小心的人强得多，至少他们敢于面对，因此他们有更大的成功机会。

所以，对成功来说，犹豫不决、优柔寡断是一个阴险的仇敌。你需要在它还没有伤害到你、破坏你的力量、限制你一生的机会之前，就要即刻将之置于死地。要知道，狭路相逢勇者胜。

> **所以，对成功来说，犹豫不决、优柔寡断是一个阴险的仇敌。**

所以，不要再等待、再犹豫了，绝不要等到明天，今天就应该开始。人一定要逼迫自己训练这种遇事果断坚定的能力、遇事迅速决策的能力，对任何事情切记不可犹豫不决。

当然，对那些比较复杂的事情一定要在决断之前从各个方面来加以权衡和考虑，要充分调动自己的常识和知识，进行最后的判断。一打定主意就绝不要再更改，不再留给自己回头考虑、准备后退的余地。一旦决策，就要断绝自己的后路。只有这样做，才能养成坚决果断的习惯，也才能既增强自己的信心，又博得他人的信赖。在养成这种习惯之后，最初也难免时常做出错误的决策，但由此获得的自信等种种卓越品质足以弥补错误决策可能带来的损失。

我认识一个人，他从来不把事情做完。他无论做什么事情，都给自己留有重新考虑的余地，比如他写信的时候，如果不到最后一分钟，就绝不肯封起来，因为他总担心还有什么要改动。我时常看见他把信都封好了，邮票也贴好了，正要投入邮筒之时又把信封拆开，再更改信中的语句。他身上有一件最好笑的也是尽人皆知的事，就是一次他给别人写了一封信，然后又打电报去，叫人家把那封信原封不动地立刻退回。这个人是我的好友，也是个社会名人，在其他方面有着非常出色的才能与品格，但是这种犹豫不决的习惯使他很难得到其他人的信赖。所有与他相识的人都为他这一弱点感到可惜。

　　我还认识一个令人尊敬的妇女，但不幸的是她也是个犹豫不决的人。在她买一样东西的时候，她一定要把全城所有出售那样东西的商场都跑遍才会罢休。每每走进一个商店，她都会从这个柜台跑到那个柜台，从这个分部跑到那个分部。从柜台上拿起货物时，她会从各方面仔细打量，看了再看，但心中还是不知道喜欢的究竟是什么。她看了又看，还会觉得这个颜色有些不同，那个式样有些差异，也不知道究竟要买哪一种是好。她还会问各种问题，有时问了又问，弄得店员们十分厌烦，最后，她也许一样东西也不买，空手而去。

　　她买取暖的衣帽时，既不喜欢穿戴得太笨重，又不喜欢过分暖热。她要买一样衣物时，往往会要求这件衣物既便于夏天，又便于冬天；既适用于高山，又合用于海滨；不仅可用于礼拜堂，又可用之于影剧院，心中带着这种几乎不可能的苛求，哪里还能买到合适的东西呢？万一碰巧她买到了这样一件衣物，她心中还是怀疑所买的东西是否真的不错；是否要带回去询问他人的意见，然后再向店中调换。无论买哪一样东西，她总要调换两三次，最后还是感到不满意。

这样的意志不坚和优柔寡断对于一个人的品格实在是一个致命的打击。犯有此种弱点的人从来不会是有毅力的人。这种性格上的弱点既会败坏一个人的自信心，也可以破坏其判断力，并大大有害于其全部的精神能力。

果断决策的力量与一个人的才能有着密切的关系。一个人如果没有果断决策的能力，那么他的一生就会像深海中的一叶孤舟，永远漂流在狂风暴雨的汪洋大海里，永远达不到成功的目的地。

所以，对成功来说，犹豫不决、优柔寡断是一个阴险的仇敌。

6 逆境不是你被打垮的理由

　　有一种人身处逆境却能微笑面对，另一种人遇到困难就一触即溃。前者会是成功者，因为他们能处逆境而乐观，有成功的潜质；而更多的人像后者，一旦遇逆境便沮丧、失望而停止奋斗，这种人恐怕很难走向成功。

　　在社会上，郁郁寡欢、忧愁不堪的人是没有地位的。假若一个人在别人面前总是闷闷不乐，别人会不愿意和他交往，避而远之。

　　当我们看到一个忧郁愁闷的人时，难免会心生厌恶，因为人的天性是喜欢快乐与阳光，而不喜欢郁闷与阴沉。一个人不应被情绪控制，做情绪的奴隶，而应该去控制情绪，做自己的主人。无论身处怎样恶劣的环境，我们都应该去正视它，改变它，救自己于黑暗之中。当一个人从黑暗中走出来，踏上了光明大道，自然会信心百倍、勇往直前。

逆境是对人最大的考验。遭遇逆境时，郁郁寡欢实在是财富成功的大敌，是思想的萎

逆境是对人最大的考验。

靡，是以沮丧的情绪怀疑自己的生命。其实，不管做什么事，勇气是最重要的，我们要对自己有信心，要有乐观的态度。有些人身处逆境时，恐惧、怀疑、失望的思想便会侵扰自己，使多年的计划功亏一篑。那些人就如同墙上的蜗牛，辛辛苦苦爬到半路，一失足便前功尽弃。

要走出困境，一要清除影响自己快乐与成功的敌人，二要集中精力，坚定意志。一个心理素质好的人，从烦恼中解脱出来只需要几分钟，但大多数人却很难忘忧，不能消除悲观情绪而乐观生活；他们在封闭的心灵大门里挣扎，始终难以挣脱出来。

人在心情郁闷的时候应当努力改变当前的环境，对于纠缠自己的痛苦不要去想太多；不要让忧郁占据你的心灵，多去想快乐的事，要以最亲切、最友爱的态度对待他人；用和善、快乐的语言，用欢乐的情绪感染他人。

每个人都应为自己营造快乐的气氛。要努力忘却悲伤的事情，让心灵走进有笑声、有欢乐、能鼓舞自己的环境中。有些人在家庭中寻找乐趣，与孩子们玩耍；有些人则在音乐

中、在谈话中、在阅读中追求心灵的平静。

假如现实的压力、成功前的煎熬让你痛苦，你不妨走出写字楼、离开喧嚣的都市，徜徉于郊外的田野，大自然会让你放松。只有随时保持乐观开朗的心情，才能做好迎接财富和成功的准备。

7 告别拖延症，不做被催一族

　　每个人在自己的一生中，都有种种的憧憬、理想、计划，如果我们能够将这一切的憧憬、理想与计划都迅速地加以执行，那我们在事业上的成就将不可限量。然而，人们往往有了好的计划后，不去迅速地执行，而是一味地拖延，以致让一开始的激情慢慢地冷淡下去，使幻想逐渐消失，最后使计划破灭。

　　希腊神话告诉人们，智慧女神雅典娜是某一天突然从宙斯的头脑中一跃而出的，跃出之时雅典娜衣冠整齐，没有凌乱。同样，某种高尚的理想、有效的思想、宏伟的幻想也是在某一瞬间从一个人的头脑中跃出的，这些想法刚出现的时候也是很完整的。但有着拖延恶习的人却迟迟不去执行，不去使之实现，而是留待将来再去做。其实，这些人都是意志力薄弱的人。而那些有能力并且意志坚强的人，往往趁着热情最高的时候就把理想付诸实践了。

每一天都有不同的理想和决断，昨日有昨日之事，今朝有今朝之事，明天还有明天的事。今天的理想、决断，今天就要去做，一定不要拖延到明天，因为明天还有新的理想与决断。

拖延的习惯往往会妨碍人们做事，因为拖延会消灭人的创造力。

其实，过分的谨慎与缺乏自信都是为人处世的大忌。有激情的时候去做一件事与在激情消失以后去做，其中的难易苦乐相差甚大。趁着热情最浓的时候做一件事情往往是一种乐趣，也是比较容易的；但在热情消失后再去做同样的事，往往是一种痛苦，也不易办成。

放着今天的事情不做，非得留到以后去做，其实在这个拖延中所耗去的时间和精力就足以把今日之

> 命运常常是奇特的，好的机会往往有如昙花一现，稍纵即逝。

事做好。所以，把今日的事情拖延到明日实际上是很不合算的。有些事情在最初做会感到快乐、有趣，如果拖延了一段时日便感到痛苦、艰辛了。比如写信就是一例，收到来信即刻回复是最为容易的，但如果一再拖延，信就不容易回了。

因此，许多大公司都规定，一切商业信函必须于当天回复，不能让这些信函搁到第二天。

命运常常是奇特的，好的机会往往有如昙花一现，稍纵即逝。如果当时不善加利用，错过之后就后悔莫及。

决断好了的事情拖延着不做，往往还会对我们的品格产生不良的影响。唯有按照既定计划去执行的人才能增进自己的品格，才能使他人景仰其人格。

其实，人人都能下决心做大事，但只有少数人能够一以贯之地去执行其决心做的事，这也是只有少数人才能成功的原因。

当一个生动而强烈的意念突然闪耀在一个作家脑海里时，他就会生出一种不可遏制的冲动，提起笔来，要把那意念描写在白纸上。但如果他那时因为有些不便，无暇执笔来写而一拖再拖，到了最后，那意念就会变得模糊，最后，竟完全从他的思想里消逝了。

一个神奇美妙的幻想突然跃入一个艺术家的思想里，迅速得如同闪电一般，如果在那一刹那间他把幻想画在纸上，必定有意外的收获。但如果他拖延着，不愿在当时动笔，那么过了许多日子后，即使再想画，那留在他思想里的好作品或许早已消失无踪了。

灵感往往转瞬即逝，所以应该及时抓住，要趁热打铁，立即行动。

　　更坏的是，拖延有时会造成悲惨的结局。英国的恺撒将军只因为接到报告后没有立即阅读，迟延了片刻，结果竟丧失了自己的性命。曲仑登的司令雷尔叫人送信向恺撒报告，华盛顿已经率领军队渡过特拉华河。但当信使把信送给恺撒时，他正在和朋友们玩牌，于是他就把那封信放在自己的衣袋里，等牌玩完后再去阅读。他读完信后，始知大事不妙，等他去召集军队的时候，已错失良机，最后竟致全军被俘，连自己也命丧敌手。就是因为数分钟的迟延，恺撒竟然失去了自己的荣誉、自由和生命！

　　有的人身体有病却拖延着不去就诊，不仅身体上要承受极大的痛苦，而且病情可能恶化，甚至成为不治之症。

　　没有其他什么习惯比拖延更为有害；更没有别的什么习惯比拖延更能使人懈怠、减弱人们做事的能力。

　　人应该极力避免养成拖延的恶习。受到拖延引诱的时候，要振作精神，绝不要去做最容易的，而要去做最艰难的，并且坚持做下去。这样，自然就会克服拖延的恶习。

　　拖延往往是最可怕的敌人，它是时间的窃贼，是损坏人们品格的祸首，能败坏好的机会，劫夺人的自由，使人成为它的奴隶。

要医治拖延的恶习，唯一的方法就是立即去做自己的工作。今日事，今日毕。要知道，多拖延一分，工作就难做一分。

"立即行动"，这是一个成功者的格言。只有"立即行动"，才能将人们从拖延的恶习中拯救出来。

> 要医治拖延的恶习，唯一的方法就是立即去做自己的工作。

8 不要做梦想的巨人、行动的侏儒

你是一个梦想者吗?

让人类的生活更有意义,将很多人从困境中解脱出来的,大多数时候都应该归功于一些梦想者。

我们都得感谢人类的梦想者啊!

如果把梦想者的事迹从人类历史中删除掉,谁还愿意去阅读那些枯燥无味的历史呢? 梦想者是人类的先锋,是人类前进的引路人。他们毕生劳碌,不辞艰辛,弯着腰、弓着背、流着汗,替人类开辟出平坦的康庄大道来。

现在的一切,不过是过去各个时代梦想的总和,不过是过去各个时代梦想的现实化。

如果没有那些梦想者到美洲西部去开辟领地,那么美国人至今还徘徊在大西洋的沿岸。

对人类世界最有贡献、最有价值的人,往往就是那些目光远大，且有先见之明的梦想者。他们能运用智力和知识为人类创造福祉，把那些目光短浅、深受束缚、陷于迷信之中的愚人解救出来。有先见之明的梦想者，还能把常人看来不可能实现的事情，一一变为现实。

有人说过，想象力对于艺术家、音乐家和诗人大有用处，但在实际生活中，其地位却并没有那么显赫。但事实告诉我

> 人类世界各个领域的领袖都曾经做过梦想者。

们：人类世界各个领域的领袖都曾经做过梦想者。不论是工业巨头、商业巨擘，都是具有伟大的梦想，并持以坚定的信心，付出不懈的努力的人。

马可尼发明无线电，是惊人梦想的实现。这个惊人梦想的实现，使得航行在惊涛骇浪中的船只一旦遭受到灾祸，便可利用无线电，发出求救信号，由此拯救了千万生灵。

电报在没有被发明之前，也被认为是人类的梦想，但莫尔斯竟使这一梦想得以实现了。电报一旦发明，世界各地消息的传递，从此变得如此便利。

斯蒂芬孙原本是一个贫穷的矿工，但他制造火车机车的梦想也变成了现实，正是这个现实使得人类的交通工具大为改观，人类的运输能力也由此得到空前的提高。

勇敢的罗杰斯先生，驾着飞机，实现了飞越欧洲大陆的梦想。

横跨大西洋的无线电报是费尔特梦想的实现，这使得美欧大陆能够密切联络。

这许许多多的功成名就者之所以拥有惊人的梦想，部分应归功于英国大文豪莎士比亚，是他教人们从腐朽中发现神奇，从平常中看出非常之事。

在人类所具有的种种力量中，最神奇的莫过于有梦想的能力。如果我们相信明天更美好，就不必计较今天

> **在人类所具有的种种力量中，最神奇的莫过于有梦想的能力。**

所受的种种痛苦。有伟大梦想的人，即使面临铜墙铁壁般的阻挠，也不可能停下自己坚定的前进脚步。

一个人如果有能力从烦恼、痛苦、困难的环境中，转移到愉快、舒适、甜蜜的境地里，那么这种能力就是真正的无价之宝。如果我们在生命中失去了梦想的能力，那么谁还能以坚定的信念、充分的希望、十足的勇敢去继续奋斗呢？

美国人尤其善于梦想。无论多么苦难不幸、穷困潦倒，他们都不屈从命运，始终相信好日子就在后面。

不少商店里的学徒都幻想着有朝一日能自己开店铺当

老板；不少工厂里的女工都幻想着建一个美好的家庭；不少出身卑微的人都幻想着掌握大权。最后，他们中也确实有不少成功了。

人只有具有了这些梦想，才可能有远大的希望，才会激发自己内在的潜能，增强自己的努力，以求得光明远大的前途。

然而，仅仅只有梦想还是远远不够的，否则就成了十足的空想家。有了梦想，同时还要有实现梦想的坚强毅力和决心。如果徒有梦想，而不能拿出力量来实现梦想，这也是不足取的。

只有那些切合实际的梦想——梦想的同时辅之以艰苦的劳作、不断的努力，才有巨大的价值。

像其他能力一样，梦想的能力也可能被滥用或误用。如果一个人整天除了做梦以外不做其他事情，把自己全部的生命力都花费在建造那些无法实现的空中楼阁上，就会贻害无穷。要知道，那些梦想不仅劳心费神，而且耗费了那些不切实际的梦想者固有的天赋与才能。

要把梦想变成事实，全靠我们自己的努力。有了梦想以后，只有付之以不懈的努力，才可使梦想实现。

在所有的梦想中，造福人类的梦想最有价值。约翰·哈佛用几百美元创办了哈佛学院，就是后来世界闻名的哈佛大学，这是一个最好的例子。

人不仅要有梦想，还要信仰梦想，更要激励自己去实现梦想。人人具有向上的志向，志向就会像一枚指南针，指引人们走上光明之路。

良好而实际的梦想，就是人们未来人生道路美满成功的预示。

> 良好而实际的梦想，就是人们未来人生道路美满成功的预示。

现在的一切不过是过去各个时代梦想的总和，不过是过去各个时代梦想的现实化。

9　贫穷并非附骨之疽

　　有位著名的英国作家在游历美国时说："美国的许多伟人诞生在黑暗的小茅屋中。"这个说法对吗？我们可以举出几个例子来看看，譬如林肯、格兰特、加菲尔德、格里利、惠蒂埃、克莱门斯、沃纳梅克、洛克菲勒、克鲁斯·菲尔德、比彻、爱迪生和威斯汀豪斯，这些人都出生在穷苦的农村，但他们在幼年时就奠定了智慧、品格、体力的基础，后来都成了社会名人与领袖。

　　据说，著名律师韦伯斯特在美国西部旅行时遇到一个当地人，就与那人谈了起来，那个当地人不断地向韦伯斯特夸耀自己地里的农产是如何丰富，最后他问了一句："新英格兰的农产也如此丰富吗？新英格兰盛产什么？"

　　韦伯斯特冷冷地回答道："我们出产'人'！"

　　美国的历届总统大都来自农村，老罗斯福总统虽出生于繁华都市，但他在各方面都有着过人的天赋，是一个例外。

温盖特说："真是个奇怪的现象：偌大一个纽约市竟出不了几个名人！如今居住在纽约的名人当中，有90%以上是从农村来的。不只纽约如此，像伦敦、巴黎、柏林这样的大城市，也是如此，可见，在农村长大的人在许多方面要比在都市中长大的人出色！"

就这个问题，一位作家曾经做过一个很有趣的统计，他搜集了40位美国著名成功人士的资料。他发现，在这40人中，生于农村的有22人，生于小市镇的有10人，而生于都市的只有8人。在农村出生的22个人中，绝大部分童年时间都是在农村度过，只有3人是从小被带进小市镇里，另外1人从小被带进大都市里。很有意思的一点是，平均来看，这40位成功者大约从16岁起就开始到城市里谋生了。

如果不是那些身体强健、忠厚诚实、富有魄力的乡村居民不断地迁入都市，城市中的繁华景象或许早已不复存在。大自然从农村为都市供应能干的人们，就像餐厅供给我们一日三餐。

乡间充满了纯净新鲜的空气，人们就生活

> 如果不是那些身体强健、忠厚诚实、富有魄力的乡村居民不断地迁入都市，城市中的繁华景象或许早已不复存在。

在这永远吸收不尽的新鲜空气中。与城里的孩子相比，农村的孩子要幸福得多，他们有着结实的胸膛、有力的肌肉；通过耕种和拔草，他们锻炼了身体，那广袤的田野仿佛就是他们的体育场；通过制造农具和玩具，或者是修理废旧的机件，他们锻炼了自己的双手和头脑。虽没有完善的工具，也没有正式的训练，但凭着经验的启示，他们成了修理机件的能手。

对于生于此地的孩子们，农村的好处一言难尽：它不但赋予孩子们强壮的体格、勤劳的双手、敏捷的头脑，而且由于每日与大自然的景象相依相融，他们养成了淳朴的人格，而这些优良的品质正是都市儿童所缺乏的。

在农村，孩子们的学校是一望无际美丽的田野，白云和四季景象的变迁仿佛都在告诉他们做人的意义和生命的伟大；而那巍峨的高山、起伏的峻岭也养育了他们高尚的人格；那迂回幽静的溪流仿佛在教导他们公正、安宁与和平。

在农村，孩子们在日常生活中所接触到的一切花鸟虫鱼、鸡犬牛羊，都可能在开启他们的智慧。正是母牛舐犊给他们上了关于"母爱"的最伟大一课。

对于这里的孩子们来说，农村的生活环境仿佛是一个巨大而神奇的化学实验室，展现着大自然的各种奇妙景象：土地上长满美丽芬芳的花草、田地里盛产着人畜必需的粮食、山岭间不断地给人们供应木料。孩子们看着美丽的花朵怎样开放，丰硕的果实如何结成，植物的幼苗怎么成长，鸟兽虫鱼怎样活动，以及人们怎样去利用、开发大自然这一宝库。在农村的孩子们看来，他们周围的一切都等待自己去实验、去发掘，在这个过程中，他们不知不觉地获得了伟大的创造力、丰富的常识和足以应付各种困难的能力。

当然，任何一个农村的孩子都会梦想都市中的繁华与欢乐。他或许对自己在农村贫困的处境不满，觉得农村没有提供一个适合他们发展的舞台，所以，他会满怀希望到都市里争取更好的机会和更多的荣耀。他知道，城市里有着无数的大公司、公共图书馆、设施齐全的学校。无数的同龄人在这里汲取知识。总之，他把大都市看成是成功的海洋，在那里有着太多的成功机会；他同时又有些淡淡的惆怅，担心自己的一切希望和宝贵时光将在乡间消逝。

但他应该知道：那些在他看来妨碍他进一步发展的高山小丘、溪涧河流，无时无刻不在养育着他的心灵和毅力，大自然正是以此带给他明天成功的希望。

他更应该懂得，倘若他将来有了伟大的成就，那是因为早年的农村生活给了他智慧、造就了他的品格、锻炼了他的身体。

世界上有许多银行家、名律师、大商人、铁路工程师、大政治家，都是因为有了早年的农村生活，才成就大业的。他们相信大自然能给他们以最好的教育，必须充分利用在乡间的机会来锻炼自己，以便将来进入都市后能应付所有可能的困难。有些人忽视了大自然对人天然的教益，只知道埋头于竞争与营利，到后来他们却多半都被淘汰出局了，因为他们从不知道一切幸福来自苦难。

生长在农村的孩子们，你们完全不必担心以后的生活与前途，社会上有无数伟大的事业正等待着你们去创造。你们现在只需努力锻炼

> 你们现在只需努力锻炼自己的头脑和双手，一旦有机会你走入新的环境、进入竞争激烈的都市，你就可以大显身手了。

自己的头脑和双手，一旦有机会你走入新的环境、进入竞争激烈的都市，你就可以大显身手了。林肯不就是这样做的吗？林肯在农村的时候，把每一本书都视若珍宝，用心去读，每读完一本，林肯就觉得自己又上了一个台阶。林肯一旦决心去做一件事，必定是全力以赴。对于越是难以克服的艰难障碍，林肯越是想方设法加以排除，因为他知道：克服这些障碍是达到成功的必经阶段。

曾有人请教过纽约的著名主教波特，问他年轻人在都市还是在农村成功的机会更大？

他说："我们常看见报纸、杂志上登载许多诱人的新闻和广告，把成千上万的农村青年都吸引到都市里来，这些年轻人宁愿抛弃美好的乡间生活，来到都市。但实际上，都市里那些拥有很高地位、巨额财富的人大都有其特殊的机遇和技能，并非人人都能得到；在都市里，大多数人的地位都太平常，一个农村青年到了都市甚至连这个平常的地位也不易谋得。看看那些旅馆里，不是住满了想到城里谋得一个饭碗的可怜人吗？"

他们为什么会走这一步？主要原因就是他们没有认清自己。他们有许多弱点，也没有足够的经验和能力来应对各种难以预见的困难。他们只好窝身在这生存压力极大、竞争异常激烈的境地里，终于，有一天被人挤了出去，于是有的人开始堕落沉沦，铤而走险。他们走出农村时所抱的种种希望都化为了泡影，甚至无法安慰家中亲爱的父母，这是一个多么可怕的悲剧！

的确，偌大的纽约城到处都有成功的机会，到处都需要有学识、有技能的年轻人。但是，没有一条成功的道路是简捷便利的，青年人走进吸血的城市，不少人被压榨到血干骨枯而死。但是，城市仍是他们心中可能获得一切成功的舞台，他们疯狂地涌来。的确，可能其中有一部分人真的达到了最初的目标，但是他们也付出了巨大的代价。比如，他们终日待在办公室，工作，工作，再工作，这些人的精力和体力很快就衰竭了，年纪不大精力已消耗殆尽。于是，他们不得不退出，而另外一批身强力壮的有志青年跟来，再走进城市这个吸血鬼的口中，让它连血带肉地吞下肚去！

一般从农村到城市来的求职者前途都非常危险，在农村时，遇事有充分的时间去考虑，但城市生活太紧张，又充满了陷阱与诱惑。一个青年人只要一进去，就很容易失去理智。年轻人到城里首先要努力保持自己思想的纯正，生活上力求节俭，自觉抵制外界的重重诱惑；同时，还要在"金钱""势力""技术""学识"中抉择，朝着最适合自己的方向去努力。如果做不到这一点，他们容易陷入花天酒地的生活，在过眼云烟般的繁华奢靡中把自己的大好光阴断送了。无论如何，年轻人千万不能把都市当成自己的坟墓，将自己埋葬进去。

所以，请相信，如果你愿意，贫穷只是暂时的，一切都要靠自己。

10 拼爹不如拼自己

　　我们要明白：只有抛弃身边的每一根拐杖，破釜沉舟，依靠自己，才能赢得最后的胜利。这就是说，自立是开启成功之门的力量源泉。因此，每一位成功者的个性均是坚持自立，拒绝依靠。

　　依靠拐杖走路，尤其是依靠别人的拐杖走路，是很多人的一种"懒惰心理"。对于成功者而言，他们的习惯是：扔掉别人的拐杖，迈动自己的双脚。他们拼的是自己。

　　人们经常持有的一个最大的错误看法就是以为他们永远会从别人的不断帮助中获益。

　　拥有力量是每一个志存高远者的共同特征，而依靠他人只会导致懦弱。力量是自发的，不能依赖于他人。坐在健身房里让别人替我们练习，我们是无法增强自己肌肉力量的。

没有什么比依靠他人的习惯更能破坏独立自主能力的了。如果你依靠他人，你将永远坚强不起来，也永远不会自主。要么抛开身边的"拐杖"独立自主，要么埋葬雄心壮志，一辈子老老实实做个普通人。

美国著名作家爱默生说："坐在舒适软垫上的人容易睡去。"

依靠他人，觉得总是会有人为我们做任何事，所以不必努力，这种想法对发挥自主自立和艰苦奋斗精神是致命的障碍。

你有没有想过，你认识的人中有多少人只是在等待？其中很多人不知道等的是什么，但他们确实在等某些东西。他们隐约觉得，会有什么东西降临，会有些好运气。或者会有什么机会发生，或是会有某个人帮助他们。这样，他们就可以在没受过教育，没有充分准备和资金的情况下为自己获得一个开端，或者继续前进。

有些人在等着从父亲、富有的叔叔或是某个远亲那里弄到钱。有些人是在等着那个被称为"运气""发迹"的神秘东西来帮他们一把。

我们从没听说某个习惯等候帮助、等着别人拉扯一把、等着别人的钱财，或是等着运气降临的人能够真正成就大事。

一旦你不再需要别人的援助，自强自立起来，你就踏上了成功之路。一旦你抛弃所有外来的帮助，你就会发挥出过去从未意识到的力量。

一旦你不再需要别人的援助，自强自立起来，你就踏上了成功之路。

世上没有比自立、自强更有价值的东西了。如果你试图不断从别人那里获得帮助，你就难以保有自立、自强。如果你决定依靠自己，独立自主，你就会变得日益坚强。

你有时候会觉得能够获得外部的帮助是一种幸运。但是，从不利的方面看，外部的帮助常常又是祸根，给你钱的人并不是你最好的朋友。你的朋友是鞭策你，迫使你自立、自主的那些人。

人身上最可贵的个性之一就是自强和自立，成功的人就是这种个性的张扬者。性格的独立性是相对于人们在智力活动和实际活动中独立自主地发现问题和解决问题的水平而言的。

具有独立性格的人遇事总喜欢自己思考，自己动手，能够标新立异，自圆其说，对传统的习惯、陈腐的观念采取怀疑和批判的态度；而具有依赖性的人则总是循规蹈矩，人云亦云，缺乏自立和主见。

具有独立性格的人必然也具有创新意识。他们重视书本，但并不迷信书本；尊重权威，但不迷信权威。而那些缺乏独立性的且具有依赖心理的人都缺乏自信，极少冒险，不肯探索，也不喜欢变更与反馈。他们在简单的工作中表现或许还可以，但是，他们是永远不可能获得高峰体验的，也体会不到巨大成功的喜悦。

心理学家指出，由于人自身的惰性和不自信在作怪，每个人都有某种程度上的依赖心理以及附和倾向，而这是发挥创造力的最大障碍，所以，如果你不甘平庸，那么你就要努力去抑制自己的依赖心理，而去培养独立的性格。

培养独立性其实就是"自己能做的事自己做"和"独立思考"。这些说起来很简单的话真正行动起来却并不容易。有许多人往往并不真正了解自己能做什么，对于自身的潜能一无所知，于是，在困难面前不知所措，要么畏缩不前，要么寻求"外援"。克服依赖性、培养独立自主的习惯至关重要。为此，你必须要从现在做起，争取全面地认识自己，并且更好地做自己能做的事。

以下是关于如何摆脱依赖的一点建议：

（1）从身边小事做起，磨炼自己的意志。生活中要求自己独立处理日常事务，安排自己的生活。

（2）勇于尝试，发掘自身的潜能。制订计划，每周做几件以前想做但因各种原因而没有做的事，如骑车郊游、应聘某一职务等。

（3）定期反思自己，学会独立思考。一段时间的忙碌之后，静下心来，审视自己近期的言行，参照过去加以评判，考虑一下今后一段时间的生活。

（4）逐步决定自己的事，检查培养效果。慢慢学会独立处理与自己关系重大的事，并以自己日常生活中处理问题的能力来评判自己独立性发展的情况。

提倡独立性，并不是否定生活、工作中的合作精神，相反，现实中我们应力争更好地依靠并充分利用集体的力量。

"三个臭皮匠，顶个诸葛亮"，只有更好地借鉴、吸取他人的经验，我们才更有可能在今后的人生路上取得更好的成绩。其实，培养独立性的实质在于，从日常生活的点滴小事中磨炼独立思考的能力，而不只是随大流，盲目地跟着别人走，这种盲从常常导致我们个性的迷失，从而使我们离成功越来越远。

11 果断放弃耕种已久仍荒芜贫瘠的土地

　　1888 年，银行家里凡·莫顿先生成为美国副总统候选人，一时声名鹊起。1893 年夏天的某一日，农业部部长詹姆斯·威尔逊先生到华盛顿拜访里凡·莫顿。在谈话之中，威尔逊偶然问起莫顿是怎样由一个布商变为银行家的，里凡·莫顿说："那完全是因为爱默生的一句话。当时我还在经营布料生意，业务状况比较平稳。有一天，我偶然读到爱默生写的一本书，书中这样一句话映入了我的眼帘：'假如一个人拥有一种别人所需要的特长，那么无论他到哪里都不会被埋没。'这句话给我留下了深刻的印象，一下使我改变了原来的目标。"

　　"我与所有商人一样，困难时难免要去银行贷款以便周转。看到了爱默生的话后，我仔细分析了当时的环境，觉得当时各行各业中最急需的就是银行业。人们的生活起居、生意买卖，处处都需要金钱；世上又不知有多少人为了金钱，要吃尽苦头。"

"于是我下决心抛开布行，开始创办银行。在稳妥可靠的情况下，我尽量多往外放款。开始时，我要四处去找贷款人，后来，许多人就开始来找我了。所以，无论什么事情，只要选对了方向脚踏实地地去做，总能成功。"

自古以来，不知有多少人因为一生干着不适合的工作而遭到失败。在这些失败者中，很多人做事很认真，按说应该能够成功，但实际上却一败涂地，这是为什么呢？原因在于，他们没有勇气放弃耕种已久但荒芜贫瘠的土地，再去找那肥沃多产的田野。最后，只好眼看着自己浪费了大量的精力，消耗了宝贵的光阴，但仍然一事无成。其实，他们早该意识到，这完全是因为他们没有找到适合爱默生所相信的人只要拥有特长就不会被埋没自己的工作，但他们可能仍然糊里糊涂，继续浑浑噩噩地过日子。

如果你全力坚持从事一项职业，但仍旧没有进步、看不到一点儿成功的希望，那么你就应该重新考虑一下自己的兴趣、目标、能力，看看自己究竟是否走错了路。如果走错了路，就应该及早回头，去寻找更适合自己的、更有希望的职业。

当然，在你重新确定目标、改变航向之前，一定要经过慎重的考虑，尤其不可三心二意，不可以既要这样又要那样。

在美国西部，有一位著名的木材商人，他之前坚持做了40年的牧师，仍然无法成为一个出色的牧师。他思考再三，对自己的优势和弱点都有了重新的认识，于是，年过花甲的他立刻改变目标，开始经商，从此一帆顺风，最终成为全国有名的木材商人。

两颗同样的种子由于落在不同的地方，一颗长成挺拔茂盛的参天大树，一颗却枝瘦叶细、矮小异常。可见，环境的影响力不容轻视。

一个人因为选错了职业而不能充分发挥自己的才干，这真是件可惜的事情。但是，只要他能够意识到这个问题，即使晚了一些，也仍然有重新开始的机会。只要找到正确的方向，就完全有可能走上成功之路。那时候，他一定会感到自己的生活和思想都焕然一新，似乎变成了一个新人一般。

如果走错了路，就应该及早回头，去寻找更适合自己的、更有希望的职业。

如果走错了路，就应该及早回头，去寻找更适合自己的、更有希望的职业。

第 3 章
不抛弃不放弃，
世界就是你的

1 目标明确，一生坚守

化学家曾告诉我们：如果把一英亩植物的所有能力都集中起来，聚集在蒸汽机的活塞杆上，这些能力足以驱动世界上的各种磨粉机。但是，由于这些能量是分散的，所以从科学的角度讲，它们的价值微乎其微。

马休斯博士曾说，如果一个人把精力分散到各种事情上，他的精力和士气都会被消耗殆尽。

如果你教你的孩子走路的时候专心致志地盯着一个目标前行，那么他会保持很好的平衡，顺利到达。但是，如果他分散注意力，他就会跌倒。

制定一个计划和目标，然后为此尽最大努

> 制定一个计划和目标，然后为此尽最大努力去学习所需知识，并努力工作，你就会取得成功。

力去学习所需知识，并努力工作，你就会取得成功。

目标明确是所有伟大作品的共同特点。

如果一个油画家将他所有的创意都画在一张画布上，给图中所有的成分都加以同样突出的修饰，他就不会是一个伟大的画家。一个卓越的画家会用最好的表达方式去绘出图中最核心的元素，而对其余的次要元素进行简单的描绘，从而衬托核心部分。

一个能很好平衡生活的人，不管他秉承了多少天赋、拥有多少学识，他都应该只有一个明确的中心目标，而其余目标都应该以合适的方式来支撑这个核心目标。

事实上，如果你设定的目标是明确的，你的精力可以不被浪费。即使每一片树叶、每一朵鲜花、每一颗水晶、每一个小小的原子，它们都有一个明确的坚定不移的目标，最终绽放异彩。

人们通常告诉年轻人要志存高远。但是，我们制定的目标必须是一个通过努力能够达到的目标。同样，制定的目标不能含糊不清，正如射出去的箭不会关心途中会遇到什么阻挡，而是直击最终目标。

尽管天空中所有的星体对指南针都有吸引力，但它不会指向每一颗星星，而是去寻找它最想喜欢的那颗星球。太阳发着灿烂的光芒、流星在召唤、星星在闪耀，它们都想吸引指针指向自己。但是指南针不为所动，始终追随自己的本能，不管是阳光明媚还是暴风骤雨，都坚定准确地指向北斗星。因此，千万年来，所有其他星球都围绕着自己的轨道转动，不停地改变着方向。而 2.5 万多年过去了，只有北斗星保持着固定的形状，以人们不易察觉的缓慢变化围绕着自己的轨道移动。

人类的生活也同样如此，我们对理想的坚守应该是一生的，而不仅仅是短暂的一天。

> 我们对理想的坚守应该是一生的，而不仅仅是短暂的一天。

尽管在人生的旅途中有各式各样的诱惑引诱我们偏离目标、真理和职责，尽管月亮可以反射出美丽的月光、星星也能闪烁光芒，但他们却不能给人们指引方向。我们也不能因为身边的诱惑而让我们人生目标的指南针偏离方向。

2 将注意力专注于你最重要的目标

有一次，我收到一位年轻朋友的信，他想去研究法律，但是在研究法律之前，又打算先做另外一件事。真不知道有多少年轻人被这种不好的想法和习惯所耽误！

很多人每天都在干着不符合自己兴趣的工作，他们怨叹命运不济，希望机会来了，再去做自己称心如意的工作。但光阴似箭，时间一去不复返，如果今天得过且过，明天又再等一会儿，当所有最宝贵的青春岁月都稀里糊涂浪费掉后，再想重新学习一些新的技能，就已经晚了。

这种一再拖延、得过且过的惰性无异于慢性自杀。年轻人通常不太留意促成事业获得成功的因素，他们常常把事业看得过分简单，不肯集中自己的全部心思。他们不知道，在一项事业上的经验好比是一个雪球，随着时间的推移，这个雪球越滚越大。所以，任何人都应该把全部精力集中在某一项事业上，在这一方面随时随地努力。你在上面所花费的功夫越多，获得的经验也就越多，做起事来也就越得心应手。

人人都须懂得时间的珍贵，"光阴一去不复返"。当你走入社会开始工作的时候，一定是浑身充满干劲的。你应该把这种干劲全部用在一个事业上，无论你从事什么职业，你都要刻苦经营、努力工作。如果能一直坚持这样做，那么有一天，你一定惊讶这种习惯给你带来的丰硕成果。

歌德说："你最适合站在哪里，你就应该站在哪里。"这是对那些三心二意者的最好忠告。

> "你最适合站在哪里，你就应该站在哪里。"

无论是谁，如果不趁年富力强时去养成善于集中精力的好习惯，那么他以后一定不会有什么大成就。世界上最大的浪费，就是对宝贵精力的浪费。人的时间有限、能力有限、资源有限，想要样样精门门通，是很难做到的，如果你想在任何一个领域有所成就，就一定要牢记这条法则。

对大部分人来说，如果一入社会就善于利用自己的精力，不让它消耗在一些毫无意义的事情上，那么成功就很有希望。东学一点、西学一下的人，忙碌了一生也不会有什么专长，到头来什么事情也没做成。

在这方面，蚂蚁是我们最好的榜样。它们抬着一大颗食物，齐心协力地推着、拖着它前进，一路上不知道要遇到多少困难，要翻多少跟斗，千辛万苦才把一颗食物弄到家门口。这告诉我们：只要不断努力、持之以恒，总会有所收获。

同时，还必须懂得把全部的精力集中于一件事上，唯有如此才能达到目标。聪明人也善于依靠不屈不挠的意志、百折不回的决心以及持之以恒的忍耐力，努力在生存竞争中获得胜利。

富有经验的园丁会把树木上许多能开花结果的枝条剪去，一般人往往觉得很可惜。但是，园丁们知道，为了使树木茁壮成长，为了让以后的果实结得更饱满，就必须忍痛将这些旁枝剪去。否则，将来的总收成肯定要减少许多。

有经验的花匠也习惯把许多快要绽开的花蕾剪去。这是为什么呢？这些花蕾不是同样可以开出美丽的花朵吗？只有花匠们知道，剪去其中的大部分花蕾才可以使所有的养分都集中在其余的少数花蕾上。等到这少数花蕾绽放时，才可以开出那种罕见、珍贵的奇葩。

做事业也像培植花木，年轻人与其把精力消耗在许多毫无意义的事情上，还不如看准一项适合自己的事业，集中所有精力，埋头苦干，全力以赴，肯定可以取得杰出的成绩。

如果你想成为一个众人叹服的人物，就一定要清除大脑中那些杂乱无绪的念头。如果你想在一个方面取得伟大的成就，那么就要大胆地举起"剪刀"，把所有微不足道的、平凡无奇的、毫无把握的愿望完全"剪去"；在一件重要的事情面前，即便是那些已有眉目的事情，也必须忍痛"剪掉"。

　　世界上无数的失败者之所以没有成功，主要原因不是他们才干不够，而是因为他们不集中精力、不能全力以赴地去做适合的工作，他们把大好精力浪费在无谓的事情上，而自己竟然从未觉悟到这一点：如果剪掉心中的那些杂念，使生命力中所有的养料都集中到一点，那么他们将来一定也会惊讶——自己的事业竟然能够结出那么美丽丰硕的果实！

　　拥有一种专门的技能要比有 10 种心思更有价值，有专门技能的人随时随地都在这方面下苦功夫、求进步，时时刻刻都在设法弥补自己的缺点和不足，总是想把事情做得尽善尽美。而有 10 种心思的人可能会忙不过来，要顾及这一点又要顾及那一个，由于精力和心思过分分散，事事只能做到"尚可"，结果当然是一事无成。

　　现代社会的竞争日趋激烈，所以，我们必须专心一致，对自己的工作全力以赴，这样才能做出出色的业绩。

3　知识在任何时代都是最大的生产力

现实生活中有许多原本天赋很高的人，却终生都处在极平庸的职位上，没有出人头地的一天。这是为什么呢？

原来，尽管他们资质良好，但却没能好好地培养和发展，不与时俱进，不求进步。因此，他们前途暗淡，毫无希望。

一些人由于所受教育不够，所以做起事情来感到力不从心，就像没有受过培训的职工不能胜任技术性工作一样。

知识就是力量。

在工作中，无论薪水多么微薄，你如果能时时注意去读一些书籍，去获取一些有价值的知识，这必将对你的事业有很大的助益。一些商店里的学徒和公司里的小职员尽管薪水微薄，但他们工作却很努力，尤其可贵的是，他们能乘着空闲的时候，如晚上和周末到补习学校里去读书，或是自己买书自习，以增进他们的知识。

一个人的知识储备愈多，才能便愈丰富，生活就愈充实。

我认识一个年轻人，他出门的时间比在家的时间还要多，有时乘火车，有时坐轮船，但无论到什么地方，他总是随身携带着一包书，以供随时阅读。他常带的书有古文的缩本，或者函授学校的功课。一般人浪费的零碎时间他都能用来自修阅读。结果，他对于历史、文学、科学以及其他各国的重要学问都有相当之见地，最后成为一个学识渊博的人。

那个年轻人就是因为善于利用零碎时间，从而促成了自己一生的成功。但是，大多数人却在浪费自己宝贵的零碎时间，甚至在这些时间里做着对自己身心有害的事情。

自强不息、随时求进步的精神是一个人卓越超群的标志，更是一个人成功的征兆。

> 自强不息、随时求进步的精神是一个人卓越超群的标志，更是一个人成功的征兆。

从一个青年人怎样利用其零碎时间上，怎样消磨冬夜黄昏的时间上，往往就可以预言其前途。

有的人会这样想，自己所得的薪水相当微薄，即使再积蓄也不会达到很大的数目，也绝不会富裕。同样的道理，他们以为利用有限的零碎时间去读书，总不会得到多大的学识和成就。可事实恰恰相反，许多利用空闲时间去学习的人，也一样达到了大学教育的程度。

对于一个人的安身立命来说，人类历史上知识的价值之高，莫过于今天。在今天的社会中，竞争加剧，生活更显艰难，所以

> 对于一个人的安身立命来说，人类历史上知识的价值之高，莫过于今天。

就更要求人们要善于利用时间，增进自己的知识。

许多人都想在顷刻之间成就丰功伟绩，这当然做不到。其实，任何事情都是渐变的，只有持之以恒的精神，只有一步一步地增进知识的做法，才能有助于一个人最后的成功。

大部分的年轻人无意多读书、多思考，无意在报纸、杂志、书本当中尽量汲取各种知识，而是把宝贵的时间耗费在无谓的事情上，实在是一件最可惜、最痛心的事。他们不明白，知识是无价之宝，能使人们获得无限的财富。

4 当你的才华还撑不起你的野心时，请静下心来学习

我认识一个农民，他从一个好吃懒做的人手中买了一块地。但买地时已经是 5 月下旬了，先前土地的主人在早春时分没有播种，只种了些蔬菜。那个农民买地以后，他的左邻右舍都说："春天早已过去了，来不及再耕种粮食了，只能再种些蔬菜。"但是那位农民是个极具判断力、善于思考的人，他认为，如果种晚熟的谷类目前还不算迟。因此，他就按照自己的主意去做，把那块田耕得好好的，播了些晚熟的种子，之后又悉心照料。

后来，他竟然获得了很丰盛的收获，甚至比早春时播种的邻居收成还要好。

这个例子对于做人也有深刻的启示，如果你真有上进的志向、真的渴望造就自己，要决心补救早年的失学，那么你

必须认识到，无论遇到什么人都会对你有所助益，会使你增加一些知识与经验。如果你遇到的是一个印刷工，他会告诉你很多印刷的技术；如果你遇到了一个泥水匠，他会告诉你关于建筑的方法；如果你遇到一个农民，他会教给你种种农业知识。

知识广博的唯一条件就是从各种可能的途径吸取知识。那些能通过各种途径吸取知识的人、从他

> 知识广博的唯一条件就是从各种可能的途径吸取知识。

人的知识中获益的人，能使自己的学识更为广博和深刻，使自己的胸襟更开阔，使自己的趣味更广泛，也更能使自己应付各种各样的问题。

大部分人都有过分重视大学教育的心理，而那些不曾受过大学教育的人更是如此。那些因家境困难或身体状况不佳而不能升入大学的人往往认为这是一种无可挽回的损失，认为这是一生都没有办法补救的缺陷。他们甚至以为，不管自己以后如何自学都于事无补，无法达到与大学教育同等程度的教育水平，他们以为通过自修得来的学识总是有限的。

但他们不知道的是：世上有许多负有盛名的学者从没有进过什么大学，甚至有许多人连中学的大门都没有跨进过呢！

我认识一位连小学教育也没有完成的年轻人，但是他由于阅读了许多历史著作和名人传记，后来竟成了一位历史学家。很多遇见他的人都对他的学问赞不绝口，都以为他受过高深的学校教育。他勤于自学、博览群书，虽然他并不精通文法上的条条框框，但他的英文却极好。由于他多年浸淫于众多名家著作之中，于是在无形中就养成了一种极优美的写作风格。

　　靠着自修，他竟拥有如此的成绩，在当时实属罕见。并且，今日之出版界有更好的书籍，相当多的书籍可供自修之用，有志上进的人不是有更多的机会了吗?

　　如果你能利用空闲的时间，去选读函授学校的课程，也能获得很好的教育。有许多早年失学的人，到了晚年还去选读函授学校的课程，通过这一方式获得了种种知识，帮助他们的事业成功。

　　大多数不幸的成年人认为，一旦过了最宝贵的青年时期便失去了求学的机会，一到晚年则更不能再去求学了。

　　其实不然，人们实际上随时随地都有学习的机会。只要能寻求机会，能利用自己全部的空闲时间，努力进修，全神贯注来摄取知识，那就

> **人们实际上随时随地都有学习的机会。**

完全可以补救青少年时期的失学，甚至能使自己学富五车。

其实，在整个一生中人都有接受教育的可能性。到了壮年以后，在很多方面的学习甚至比年轻时更有利，因为他有更多的经验，具有更好的判断力，更是因为他知道光阴的宝贵，更喜于利用一切机会来学习。

有许多人在学校时少壮不努力，从书本知识中竟得不到多少教益。但是到了中年以后，为了要补救知识上的缺憾，他便开始努力用功，结果竟然也会有惊人的成就。

更进一步说，人的一生都是受教育的时间，而我们所置身其中的世界就是一个大学校。我们所遇见的人、所接触到的事、所得到的经验，都是这大学校里最好的学习资料。只要开放自己的耳目，那我们在每一天、每一分钟里，在任何地方都可以吸收很好的知识。然后，在空闲时间里，把吸收来的学识反复思考、反复咀嚼，就可以将那些零碎的知识整合成为更精湛、更有意义的学问。

5 敢于挑战自己，自信让你赢得一切

据说拿破仑亲率军队作战时，同样一支军队的战斗力便会增强一倍。原来，军队的战斗力在很大程度上取决于兵士们对于统帅的敬仰和信心。如果统帅抱着怀疑、犹豫的态度，全军便要混乱。正是拿破仑的自信与坚强，使他统率的每个士兵增加了战斗力。

坚强的自信往往能使平凡的人们干出惊人的事业来。胆怯和意志不坚定的人即便有出众的才干、优良的天赋、高尚的性格，也终难成就伟大的事业。

一个人的成就绝不会超出他的自信所能达到的高度。如果拿破仑在率领军队越过阿尔卑斯山的时候，只是坐着说："这件事太困难了。"毫无疑问，他的军队永远不会越过那座高山。

所以，无论做什么事，坚定不移的自信都是达到成功所必需的、最重要的因素。

坚强的自信是伟大成功的源泉。

坚强的自信是伟大成功的源泉。不论才干大小、天资高低，成功都取决于坚定的自信。一个人要是相信自己一定能成事，他就一定能成功。反之，不相信能做成的事，那就绝不会成功。

有一次，一个士兵骑马给拿破仑送信，由于马跑得速度太快，在到达目的地之前猛跌了一跤，可怜的马就此一命呜呼。拿破仑接到了信后，立刻写了一封回信，交给那个士兵，并吩咐士兵骑自己的马，尽快把回信送回。

士兵看到拿破仑那匹强壮的骏马，身上装饰得无比华丽，便对拿破仑说："不，将军，我是一个平庸的士兵，实在不配骑这匹华美强壮的骏马。"

拿破仑的回答是："世上没有一样东西，是法兰西士兵所不配享有的。"

世界上到处都有像这个法国士兵一样的人！

他们以为自己的地位太低微，别人所有的种种幸福是不属于他们的，是他们不配享有的，还认为他们是不能与那些伟大人物相提并论的。这种自卑自贱的观念，往往成为不求上进、自甘堕落的主要原因。

有许多人这样想：世界上最好的东西，不是他们这一辈子所应享有的。他们认为，生活上的一切快乐都是留给一些命运的宠儿来享受的。有了这种卑贱的心理后，当然就不会有出人头地的观念。许多青年人本来可以做大事、立大业，但实际上竟做着小事，过着平庸的生活，原因就在于他们自暴自弃，没有远大的希望，不具有坚定的自信。

与金钱、势力、出身、亲友相比，自信是更有力量的东西，是人们从事任何事业最可靠的资本。自信能排除各种障碍、克服种种困难，能使事业获得完满的成功。

> 与金钱、势力、出身、亲友相比，自信是更有力量的东西，是人们从事任何事业最可靠的资本。

还有的人最初对自己有一个恰当的估计，自信能处处得利，但是一经挫折，他们却半途而废，这是因为自信心不坚定的缘故。

所以，光有自信心还不够，更须使自信心变得坚定，如此一来，他们即使遇着挫折，也能不屈不挠，拼搏进取，绝不会因为一时的困难而退缩。

如果我们去分析研究那些成就伟大事业的卓越人物的人

格特质，就可以看出一个特点：这些卓越人物在开始做事之前，总是具有充分信任自己能力的坚强自信心，深信所从事之事业必能成功。这样，在做事时他们就能付出全部的精力，破除一切艰难险阻，直到胜利。

玛丽·科莱利说过："如果我是块泥土，那么我这块泥土，也要预备给勇敢的人来践踏。"

如果在表情和言行上时显露着卑微，每件事情上都不信任自己、不尊重自己，这种人自然得不到别人的尊重。

造物主原本给过我们巨大的力量，鼓励我们去从事伟大的事业。这种力量都潜伏在我们的脑海里，使每个人都具有宏韬伟略，能够使自己精神不灭、万古流芳。如果不尽到对自己人生的职责，在最有力量、最可能成功的时候不把自己的本领尽量施展出来，这对于人类也是一种损失。

世界上的新生事物正层出不穷，一切都有待有识之士去创造。

6 于细微处入手，做一个有条理的人

在许多工作没有计划和条理的商行里，有不少拿着高薪的员工却做着极简单的工作，比如拆信、把信札分类、寄发传单等事情。其实，此类工作，即便是那些待遇微薄的员工也一样能够胜任。

像这样一些没有精细规划的企业是永远不会有大发展的。

只有很少的商行领导对商行管理过程中的时间节约与职员能力有着相当的研究。但大部分领导又并不善于指挥，总不能使工作有条理和系统化，这样就无法提高员工的办事效率。其实，不注意工作上的条理和效率是经营上最大的失策。

工作没有次序、缺乏条理的人总是很容易因为办事方法的失当而蒙受极大的损失。他们根本不知怎样有效地安排业务；对于员工的工作，他们不知道好好地安排；做起事来，有的地方做不到位，但有的地方又做得太过；仓库里有许多

过时、不合需要的存货，也不及时把货物整理一下，结果什么东西都纷乱不堪。这样的商行，必致失败。

一个在商界颇有名气的经纪人把"做事没有条理"列为许多公司失败的一大重要原因。

工作没有条理，同时又想做成大规模企业的人，总会感到手下的人手不够。他们认为，只要人雇用得多，事情就可以办好了。其实，他们所缺少的，不是更多的人，而是使工作更有条理、更有效率的方法。但是，他们往往由于办事不得当、工作没有计划、缺乏条理，因而即使浪费了大量职员的精力和体力，最终还是难成大事。

没有条理、做事没有次序的人，无论做哪一种事业绝没有效率可言。有条理、有次序的人即使才能平庸，其事业往往也有相当的成就。

> 有条理、有次序的人即使才能平庸，其事业往往也有相当的成就。

我认识一个性急的人，不管你在什么时候遇见他，他都很匆忙。如果要同他谈话，他只能拿出数秒钟的时间，时间稍长一点，他就会拿出表来看了又看，以暗示着他的时间很紧。他公司的业务做得虽然很大，但是花费更大。究其原因，主要是他在工作上毫无次序，七颠八倒。他做起事来，也常为杂乱的东西所阻碍。

结果，他的事务是一团糟，他的办公桌简直就是一个垃圾堆。他经常很忙碌，从来没有时间来整理自己的东西，即便有时间，他也不知道怎样去整理、安放。

这个人自己工作没有条理，更不知道如何恰到好处地进行人员管理，他只知一味督促员工，但他只是催促他们做快点，却根本不谈如何做到有条有理。

因此，公司员工们的工作也都混乱不堪、毫无次序。员工们做起事来也很随意，有人在旁催促便好像很认真地做，没有人在旁催促便敷衍了事。

我还认识一个与他同业的竞争者，恰恰与他相反。他从来不显出忙碌的样子，做事非常镇静，总是很平静祥和。他人不论有什么难事和他商谈，他总是彬彬有礼。在他的公司里，所有职员都寂静无声地埋头苦干，各样东西安放得也有条不紊，各种事务也都安排得恰到好处。他每晚都要整理自己的办公桌，对于重要的信件立即就回复，并且把信件整理得井井有条。

所以，尽管他经营的规模要大过之前那个商人的百倍，但别人从外表上总看不出他的慌乱。他做起事来样样办得清清楚楚，他那富有条理、讲求秩序的作风影响到了整个公司。

于是，他手下的每一个员工做起事来也都极有秩序，绝无杂乱之象。

因为工作有次序，处理事务有条理，所以，他在办公室里绝不会浪费时间，不会扰乱自己的神志，办事效率也极高。从这个角度来看，做事有方法、有秩序的人时间也一定很充足，他的事业也必能依照预定的计划去进行。

如今的社会完全是思想家、策划家的世界，唯有那些办事有次序、有条理的人才会成功。而那种头脑昏乱，做事没有次序、没有条理的人，这世上绝没有他成功的机会。

7 在黑暗中与自己相遇，置之死地而后生

南北战争激发出格兰特将军的全部才华，就像一颗鱼雷所拥有的爆炸力，可以击毁军舰。同样的鱼雷，若只是经过普通的抛掷，绝不会爆炸，小孩子也可以把它当玩具来玩，滚动击打，随便摆弄，都不会出什么危险。唯有将它放入发射器，才会爆发出巨大的力量来。

同样，人对自己的潜力并不完全了解。只有当灾难降临或者是有重要责任需要他担当时，他的最大潜能才能得到淋漓尽致的发挥。

一切普通的工作，例如种地、制皮革、贩运木材、做店员、在市镇里当临时工，都不足以唤醒格兰特将军心中沉睡的雄狮，甚至连西点军校和墨西哥战争都不能唤醒它。

如果美国没有爆发南北战争，格兰特将军可能至今默默无闻，根本不会流芳百世。在格兰特将军的体内潜藏的巨大

力量直到南北战争爆发，才激发了他的全部才华。

还有林肯，他体内蕴藏着的伟大力量也不是种地、伐木、做测量员、店铺管理员或做执业律师等的工作所能激发的，即便是在美国国会议员的位置上也不能完全激发他的潜能，直到国家面临生死存亡、他负担起伟大的历史使命后，才激发了他那巨大的潜能，这使他成为美国历史上最著名的英雄人物之一。

纵观人类历史，这样的例子层出不穷，有些杰出人物到了一无所有的境地，才以巨大的勇气去寻找生命的出路，或是遭遇到巨大的不幸与灾难，甚至在山穷水尽时，才竭尽全力打拼出了一条血路来。

时势造英雄，他们在与常人难以承受的困难搏斗后，才发挥出自己的潜能，成为名垂史册的伟人。他们并没有沉溺于黑暗之中，而是置之死地而后生。

美国历史上，很多商界精英在事业起步时并未表现出什么特殊的才能，直到灾祸降临，产业散尽，失去了支撑他们生存的拐杖后，他们内心的力量才被激发出来。

芸芸众生，只有丧失了支撑自己的外力，失去了生命中最宝贵的东西，走到了一无所有的境地时，才会认识到自己内心的力量。

人的真正力量就潜伏在自身，并且只有遭遇巨大的压力时，才能把它激发出来。

人只有到了前无逃生之路，后有追兵相逼的境地，才会激起全部的内在力量。而当一个人尚有外援时，他绝对不知道自己真正的实力。

人只有到了前无逃生之路，后有追兵相逼的境地，才会激起全部的内在力量。

许多青年的成功要归功于逆境，比如失去亲人、失去工作或是灾祸降临。只有到那时，他们才会自强不息，为自己去奋斗！因此，生命中失去依靠、被迫奋斗的青年们便铸就了坚毅勇敢的独立个性，而人在依赖外力扶持时，是绝不会培养出这种独立性的。

责任足以激发我们内心的力量。不担当责任的人绝不会激发出真正的力量。有许多身强力壮的青年出身卑微，处处受人管束，他们之所以如此，主要是因为从未肩负重大责任，使他们无法激发自己的潜能。于是，他们只好听命于人，而难有机会去展现自己的才华。

应对困难的能力和开创事业的才华，都只有在巨大责任的重压下才会被激发出来。

"有什么便表现什么"的人生哲学，贻误了太多的年轻人。身体内的巨大潜力可能会喷发出来，也可能不会，这完全取决于你所处的环境是否能激发你的潜能。没有合适的环境，即便有再大的雄心与自信，也无法发挥你全部的才能。

　　赋予一个人重大的责任并把他逼入绝境，这种情势必然会促使他振奋精神，凭借自身能力来完成任何不可能的任务。与此同时，自信、坚忍等其他的优良品质也会随之养成。

　　所以，亲爱的读者，当有重大的责任降临到你的面前时，满心欢喜地接受吧，因为这是你走向成功的大好机会。

8 只要不服输，你就有赢的机会

拿破仑在谈到自己的大将马塞纳时说，在平时他的真面目是不会显示出来的，但当他在战场上见到遍地的伤兵和尸体时，他内在的"狮性"就会突然发作起来，他打起仗来就会像恶魔一样勇敢。

人类有几种本性除非遭到巨大的打击和刺激，否则是永远不会显露、永远不会爆发的。这种神秘的力量隐藏在人体的最深之处，非一般的刺激所能激发。但是，当人们受了非同一般的讥讽、凌辱、欺侮以后，便会产生一种新的力量，做出种种从前所不能做的事。

艰难的环境、失望的境地和贫穷的状况在历史上曾经造就了许多伟人。

> **艰难的环境、失望的境地和贫穷的状况在历史上曾经造就了许多伟人。**

如果拿破仑在年轻时没有遇到任何窘迫、绝望，那么他绝不会如此多谋、如此镇定、如此刚勇。

巨大的危机和事变，往往是激发出许多伟人的火药。

一个成功的商人曾经对我说过，他在自己的一生中所获得的每一个成功都是与艰难苦斗的结果。所以，他现在对那些毫不费力而得来的成功反倒觉得有些靠不住。他觉得，克服障碍以及种种缺陷，从奋斗中获取成功，才可以给人以喜悦。

> 克服障碍以及种种缺陷，从奋斗中获取成功，才可以给人以喜悦。

因此，这个商人喜欢做艰难的事情，艰难的事情可以试验其力量，考验其才干；他反而不喜欢容易的事情，因为不费力的事情，不能给予他振奋精神、发挥才干的机会。

我认识一个年轻人，原来家境非常贫寒，因此在他4年的大学过程中，常被那些家境富裕的同学开玩笑，他们不是取笑他衣衫褴褛，便是讥笑他穷相毕露。受着同学们这样的讥笑，他竟然不为讥讽所屈服，从此立志要做世上的一个伟人。

后来，这个青年果然有着惊人的成功。他说，自己在学生时所受的种种讥笑反倒成了对自己雄心的最好激励。

处于绝望之地的奋斗，往往最能激发人体中潜伏着的内在力量；没有这种奋斗，也许人们永远也不会发现自己真正的力量。

如果林肯生长在一个庄园里，进过大学，他也许永远不会做到美国总统，也永远不会成为历史上的伟人。因为如果一个人处在安逸舒适的生活中，便不需要自己的多少努力，不需要多少自己的个人奋斗。林肯之所以这般伟大，正是因为他在自己的一生中都不断地与艰难困苦搏斗。

在当今世上，不知道有多少人把自己所取得的成就归功于障碍与缺陷。如果没有那障碍与缺陷的刺激，他们也许只会发掘出自己 25% 的才能，但一旦遭到刺激，他们便会把其他 75% 的才能也开发出来了。

当巨大的压力、非常的变故和重大的责任压在一个人身上时，隐伏在他生命最深处的种种能力才会突然涌现出来，并能够坚持不懈地做出种种之前根本不能想象的大事来。

历史上有无数这样的例子：为了要补救身体上的缺陷，许多人因此养成了可贵的品格，造就了一番丰功伟绩。一些相貌极平凡甚至长相丑陋的女子，往往能在学业和事业上进行不懈的努力，最后竟能做出意想不到的事业来，这些足以看作对她们长相的一种补救。

据说有一个英国人生来就没有手和脚，竟能如常人一般。

有一个人因为好奇心的驱使，特地去拜访他，看他怎样行动，怎样吃东西。谁知那个英国人睿智的思想、动人的谈吐，竟令那个客人听了十分惊异，完全忘掉了他是个残疾人。

因为特殊缺陷与困难的刺激并不是人人都有的，所以世界上真正能发现"自己"，把自己最好最高的能量发挥的人并不多见。有许多人连做梦也没有想到在自己身体里面蕴藏着巨大的能量，很多人甚至到死也没有发现。

9　勇于创新，敢为人之不为

普天下的人都敬仰那种有勇气在众人面前抬起头来的人，都仰慕那种能够大步向前、敢于创新、善于表现自己的人。所以，人人都应为自己闯出路，发扬自己的才能，否则将永远不会闻名于世界。

唯有惊人的创造才会吸引他人的注意。

无论你从事何种职业，千万不要随意地模仿他人、追随他人。不要做他人已做的事情，要做那些新奇独特的事情。要让别人承认，你所做的事业是空前绝后的大创造。

你应该立志，不管你在世界上成就之大小，但凡有所成就，一定要是开创性的成就。不要恐惧以自己特殊的、勇敢的方式，来显露你自己的真面目。

要知道，创造才是力量，才是生命，而模仿就是死亡。

能够使自己的生命延长的人，绝不是由于模仿，而是由于创造；不是由于追随，而是由于领导。你应立志做一个有主张的人、一个有思想的人、一个时刻求改进的人、一个创造的人，这样的人在社会上随处都有其地位。

世界上到处充满着追随者和模仿者，他们喜欢循规蹈矩、墨守成规，喜欢依照他人的足迹走。但是社会所真正敬仰的却是那些有创造力而能自闯出路的人。比如律师用出众的见解来办理诉讼；教师用新的方法来教育学生；牧师能阐发得自上帝的启示的体悟来向信众布道。这些做法都是有创造力的做法。

努力创造，去做一个时代的新人，不要害怕自己成为"创始人"。一味地模仿自己的父辈和亲友其实是极愚拙的做法，因为大自然赋予每一个人、每一样东西一种特殊的品质。每一个人天然地应该做一项创造性的工作，如果去抄袭他人，做他人已做过的工作，便是对自己天赋品质的抛弃，便是对自己神圣职责的背离。

没有一个一味模仿他人的人能够成就大业。抄袭不能获得成功，模仿也不能获得成功，能使人获得成功的，唯有创造。越是模仿他人的人，越会失败。因为能力是潜伏于个人的身体里面的，重在对自己潜能的发挥，只有发挥潜能，才能成就伟大的事业。

在世间的各种职业、各种经营都有可以改进的余地。凡有创造思想的人都会开出一条新路，都会有人欢迎，都会有用武之地。那些有创造思想的人能制订新的计划，运用新的方法，最终做出惊人的成绩来。

创造力会为自己的前进开辟道路，与别人用同样方法做事的人虽然具有卓越的才干，总难以引起大众的注意。但如果他自己开创出路，运用新奇和进步的方法，别出心裁，独树一帜，便能引起人们极大的注意。有人来认同他，有人来称赞他，无形中就替他做了流动的广告，使他的美名远播。

当然，新奇的做法与思想并不一定就能成功；唯有有效地、切合实际地创造，才能成功。世界上有无数人常常在追寻新的思想、新的方法，可是并没有因此而闻名，原因是他们的新奇做法做得不切实际，或是没有效能。

世界需要那些能用新奇而有效的方法做事的人们。如果个人能把新奇而又有价值的东西贡献给世界，自然就有人来领受。

> 世界需要那些能用新奇而有效的方法做事的人们。

新的创造还需要有坚强的个性，只有个性坚强的人才有勇气来实现他的理想，成就他的创造。如果一种做事的方法具有创始性和特殊性，同时又更有效率，那么自然能够得到他人的认同。

　　一个青年人无论做什么事情，都要有创造精神，并在开始做事的时候就要下决心具有创始性，都能打上他自己的独特记号，印上品质卓越的商标。成就大业不需要大量的资本，更不需要靠广告宣传，创业的资本就在自己的身上。

10　当机立断，该出手时就出手

　　现在，社会上最受欢迎的是那些有巨大创造力并有非凡经营能力的人。有些人往往只知道按部就班地听从别人的吩咐，去做一些已经安排妥当的事情，而且凡事都要有人详细地指示。唯有那些有主张、有独创性、肯研究问题、善于经营管理的人才是人类的希望，也正是这些人充当了人类的开路先锋，促进了人类的进步。

　　有坚决的判断力的人，他的发展机会要比那些犹豫不决、模棱两可的人多得多。所以，快抛弃那种迟疑不决、左右思量

> 有坚决的判断力的人，他的发展机会要比那些犹豫不决、模棱两可的人多得多。

的不良习惯吧！这种习惯会使你丧失一切主意，会无谓地消耗你的所有精力。

但这也正是年轻人最易染上的可怕习惯。有时事情明明已经详细计划好，考虑周全了，已经确定了，有些人仍然前怕狼后怕虎，不敢行动，左右思量，不能决断。最后，脑子里的念头越来越多，对自己也越来越没有信心。最终精力耗散，陷入完全失败的境地。

一个渴望成功的青年人一定要有一种坚决的意志，一定不可染上优柔寡断、迟疑不决的恶习。在工作之前，必须要确定自己已经打定主意，即使遇到任何困难与阻力，即使出现一些错误，也不要有怀疑的念头，准备撒腿就走。我们处理事情时，事前应该仔细地分析思考，对事情本身和环境做一个正确的判断，然后再做出决定；而一旦决定做出了，就不能再对事情和决定有任何怀疑和顾虑，也不要理会别人说三道四，只要全力以赴去做就可以了。

做事的过程中难免会出现一些错误，但不能因此心灰意冷，应该把困难当教训、把挫折当经验，要自信以后会顺利些，这样成功的希望就会更大。在做出决定后，如果还心存疑虑、要反复思量，无异于把自己推入一种无可救药的沼泽中，最终只好在痛苦和懊恼中结束一生。

有些人最终无法成功，并不是缺乏干一番事业的能力，而是因为他们的决断力太差了。他们好像没有自主自立的能力，非得依赖他人。即使遇到一点微不足道的事情，也要四处奔走去询问别人的意见，而自己的脑子里却毫无头绪，尽管时刻牵挂却无定见。于是，越和人商量，越拿不定主意，最后弄得不知所终。

缺乏判断力的人往往很难决定开始做一件事，即使决定开始做了，也是虎头蛇尾。他们一生的大部分精力和时间，都消耗在犹豫和迟疑中，这种人即便有其他一切获得成功的条件，也永不会真正获得成功。

成功者须当机立断，把握时机，该出手时绝不手软。一旦对事情考虑清楚并制订了周密计划，他们就不再犹豫、不再怀疑，而是勇敢果断地立刻去做。因此，他们对任何事情往往都能做到驾轻就熟，马到成功。

造船厂里有一种力量强大的机器，能把一切废铜烂铁毫不费力地压成坚固的钢板。善于做事的人如同这部机器一般，他们做事异常敏捷，只要他们决心去做，任何复杂困难的问题到了他们手里都会迎刃而解。

一个人如果目标明确、胸有成竹，那么他绝不会把自己的计划拿来与人反复商议，除非他遇到了在见识、能力等各方面都高过自己的人。在决策之前，他会仔细考察，然后制订计划，采取行动；这就像在前线作战的将军必须首先仔细研究地形、战略，而后才能拟定作战方案，然后再开始进攻。

一个头脑清晰、判断力很强的人，一定会有自己坚定的主张，他们绝不会糊里糊涂，更不会投机取巧，他们不会永远处于徘徊当中，更不会一遇挫折便赌气退回，使自己的事业前功尽弃。只要做出决定，他们一定一往无前地去执行。

英国的基钦纳将军就是一个很好的典型。这位沉默寡言、态度严肃的军人威猛如狮、出师必捷，他一旦制订好计划，确定了作战方案，就绝不会再三心二意地去与人讨论、向人咨询。在著名的南非之战中，基钦纳将军率领他的驻军出发时，除了他和他的参谋长外谁也不知道要开赴哪里。他只下令预备一辆火车、一队卫士及一批士兵。基钦纳不动声色，甚至没有电报通知沿线各地。战争开始后，有一天早晨6点，他突然出现在卡波城的一家旅馆里，他打开这家旅馆的旅客名单，发现了几个本该在值夜班的军官的名字。他走进那些违反军纪的军官的房间，一言不发地递给他们一张纸条，上面是他的命令："今天上午10点，专车赴前线；下午4点，乘船返回伦敦。"基钦纳不管军官们的解释和辩白，更不听他们的求饶，只用一张小纸条就给所有的军官下了一个警告，杀一儆百。

基钦纳将军有无比坚定的意志又异常镇静，做任何事都胸有成竹，凡事都能冷静而有计划地去做，这样就事事马到成功。

这位驰骋沙场百战百胜的名将待人诚恳亲切，非常自信，做起事来专心致志，富有创见，也极富判断力。他为人机警，反应敏捷，每遇机会都能牢牢把握，充分利用。他是渴望成功者的最好典范。

公元前1世纪，罗马的恺撒大帝统领军队抵达英格兰后，下定了绝不退却的决心。为了使士兵们知道自己的决心，他当着士兵们的面，将所有运载他们的船只全部焚毁。

很多青年在开始做事的时候往往便给自己留着一条后路，作为遭遇困难时的退路。这样怎么能够成就伟大的事业呢?

破釜沉舟的军队，才能决战制胜。同样，一个人无论做什么事，务必抱着绝无退路的决心，勇往直前，遇到任何困难、障碍都不能后退。如果立志不坚，时时准备知难而退，那就绝不会有成功的一日。

一旦下了决心，不留后路，竭尽全力，向前进取，那么即使遭遇万千困难，也不会退缩。如果抱着不达目的绝不罢休的决心，就会不怕牺牲，排除万难，去争取胜利，把那犹豫、胆怯等妖魔全部赶走。在坚定的决心下，成功之敌必无藏身之地。

一个人有了决心，方能克服种种艰难，去获得胜利，这样才能得到人们的敬仰。所以，有决心的人必定是最终的胜利者。只有决心，才能增强信心，才能充分发挥才智，从而在事业上做出伟大的成就。

　　对很多人来说，犹豫不决的痼疾已经病入膏肓，这些人无论做什么事，总是留着一条退路，绝无破釜沉舟的勇气。他们不明白把自己的全部心思贯注于目标是可以生出一种坚强的自信的，这种自信能够破除犹豫不决的恶习，把因循守旧、苟且偷生等成功之敌统统捆缚起来。

11 一认真你就赢了

无数人因为养成了轻视工作、马马虎虎的习惯，以及对手头工作敷衍了事的态度，终致一生都处于社会底层，穷困潦倒、郁郁不得志，终生不能出人头地。

在某大型机构一座雄伟的建筑物上，有句很让人感动的格言，那就是："在此，一切都必须认真。"

"追求认真"值得做我们每个人一生的格言。

如果每个人都能采用这一格言，践行这一格言，决心无论做任何事情都要竭尽全力，以求得尽善尽美的结果，那么人类的福利不知要增进多少。

在人类的历史上，充满了难以计数的，因疏忽、畏难、敷衍、偷懒、轻率而造成的可怕惨剧。

不久前，在宾夕法尼亚的奥斯汀镇，因为筑堤工程质量的简陋，工人没有照着设计去筑石基，结果堤岸溃决，全镇都被淹没，无数人死于非命。

像这种因工作疏忽而造成的悲剧，在我们这片辽阔的土地上随时都有可能发生。无论什么地方，都有人犯疏忽、敷衍、偷懒的错误。

如果每个人都能凭着良心做事，并且不怕困难、不半途而废，那么非但可以减少不少的惨祸，还可以使每个人都具有高尚的人格。

人们一旦养成了敷衍了事的恶习后，做起事来往往就会不诚实。这样，人们最终必定会轻视自己的工作，从而轻视自己的人品。粗劣的工作会造成粗劣的生活。工作是人们生活的一部分，做着粗劣的工作，不但使工作的效能降低，而且还会使人丧失做事的才能。所以，粗陋的工作实在是摧毁理想、堕落生活、阻碍前进的仇敌。

要实现成功的唯一方法，就是在做事的时候抱着非做成不可的决心，抱着追求尽善尽美的态度。而世界上为人类创立新理想、新标准，扛着进步的大旗、为人类创造幸福的人，就是具有这样素质的人。

无论做什么事，如果只是以做到"还好"为满意，或是做到半途便戛然

> "轻率和疏忽所造成的祸患不相上下。"

138

而止，那他们必定不会成功。

有人曾经说过："轻率和疏忽所造成的祸患不相上下。"

许多青年人之所以失败，就败在做事轻率这一点上。这些人对于自己所做的工作从来不会做到尽善尽美。

大部分的青年，好像不知道职位的晋升是建立在忠实履行日常工作职责的基础上的。只有目前所做的职业才能使他们渐渐地获得自我价值的提升。

有许多人都在寻找发挥自己本领的机会。他们常常这样问自己："做这种乏味平凡的工作，有什么希望呢？"然而，正是这些极其平凡的职业中、极其低微的位置上往往藏着极大的机会。只要把自己的工作，做得比别人更完美、更迅速、更正确、更专注；调动自己全部的智力，从旧事中找出新方法来，这样便能引起别人的注意，从而使自己有发挥本领的机会，以满足心中的愿望。所以，不论月薪是多么微薄，都不该轻视和鄙弃自己目前的工作。

在做完一件工作以后，应该这样说："我愿意从事那份工作，我已经竭尽全力、尽我所能来做那份工作，我更愿意听取人家对我工作的批评。"

成就最好的工作，需要经过充分的准备，并付诸最大的努力。

英国著名小说家狄更斯，在没有完全预备好要选读的材料之前，决不轻易在听众面前诵读。他的规矩是每日把准备好的材料读一遍，直到 6 个月以后读给公众听。

法国著名小说家巴尔扎克有时写一页小说会花上一星期的时间，而一些现代的作者却还在那里一边粗制滥造一边惊讶巴尔扎克的声誉是从哪里来的。

许多人做了一些粗劣的工作，借口是时间不够，其实按照各人日常的生活，都有着充分的时间，都可以做出最好的工作。

如果养成了做事务求完美、善始善终的习惯，人的一辈子必定会感到无穷的满足。而这一点正是成功者和失败者的分水岭。成功者无论做什么都力求达到最佳境地，丝毫不会放松；成功者无论做什么职业都非常认真，决不会轻率疏忽。

12 时间是一种不可再生资源

 位于美国费城造币厂的黄金处理车间的地板上有一个小木格。每次清扫车间地板时，人们都将小木格拿起来，把金粉清扫到木格的方槽里，以便将细小的金粉收集起来。该方法每年可以节约数千美元。

 每个伟大的成功人士都有这样一个"小木格"，它将每天或者每个小时中人们不察觉的零碎时间收集起来加以利用。

 通常情况下，大多数人都浪费掉了这些零散的时间。然而，善于利用时间的人却会收集并利用这些零散时间，比如半个小时、不期而至的假期、两件事情之间的间隔时间、等迟到赴约人的时间。他们利用这样零散的时间取得了令人惊叹的成就。

 时间就像一个乔装的朋友，用一双看不见的手给我们带来了珍贵的礼物。但是，如果我们不利用它们，它们就会默默地一去不还。

每天清晨，时间都会携带礼物如期而至。倘若我们没能把昨天及以前的时间加以充分利用，我们利用当下时间的能力将会越来越薄弱，直至这种欣赏和利用时间的能力消失殆尽。曾有慧言："丧失的财富可以通过勤俭节约再次赚取；遗忘的知识可以通过学习补充；失去的健康可以通过节欲和药物挽回；但是时间却是一去不返。"

"哦，离吃饭时间只有5到10分钟了。这点时间什么事情做不了了。"这是在家里最常听到的一句话。但是，许多身处逆境的寒门子弟正是充分利用了这些被我们浪费的琐

> "丧失的财富可以通过勤俭节约再次赚取；遗忘的知识可以通过学习补充；失去的健康可以通过节欲和药物挽回；但是时间却是一去不返。"

碎时间成就了丰功伟业。如果利用好你浪费的每一小时，你也将成就伟业。

马里昂·哈兰德创造了她的奇迹。她在孩子睡觉或者其他空余时间，始终如一地坚持利用每一分钟撰写小说和报道。尽管她要应付生活中的众多琐事，也会遭遇各种纷扰，通常这些纷扰会让大多数女人变得消极低沉、不愿意去尝试改变

自己一成不变的家庭生活，但她最终却化平凡为辉煌，这是很少女人能完成的成就。

同样，在繁重家庭生活压力下的哈丽特·斯托夫人也撰写了伟大的著作《汤姆叔叔的小屋》；比彻在每天等午餐的时间阅读一点儿弗鲁德写的《英格兰》；朗费罗每天在等咖啡煮沸的时间挤出 10 分钟翻译《地狱》，坚持多年后他完成了整本书的翻译；赫夫·米勒在做泥水工的时候，抽时间阅读科学书籍，并根据他的砌墙经历写就了著作。

《失乐园》的作者是一位老师，同时还是英联邦秘书和护国公的秘书。他在每天繁忙的工作中挤出几分钟的时间来写作，创作了许多广为人爱的诗歌。约翰·斯图尔特·密尔的许多好作品是在他在东印度公司做职员时完成的。伽利略也是一个外科医生，同样是利用他的闲暇时间完成了举世瞩目的发明创造。

如果像格莱斯顿那样的天才也要每天在口袋里随身携带一本小书，在预料之外的空余时间阅读以免时间从自己的指缝间溜走的话，像我们这样的普罗大众为什么不借鉴这样的方式来利用被我们忽视的每一分钟的宝贵时间呢？

当前辈们在珍惜利用这些短暂的琐碎时间时，一些年轻人却肆意浪费着整整数月甚至数年的时间，这些年轻人应该感到惭愧。

许多伟人获得了崇高声誉就是因为他们善于利用其他人习惯丢弃的零散时间。当别人还在思考怎样从失败中站起来的时候，他们已经专注于自己的工作了。

哦，奇迹就是在坚持不懈的努力中创造的！

> **奇迹就是在坚持不懈的努力中创造的！**

亚历山大·洪堡白天忙于生意，晚上甚至深夜的时候他才有时间进行科学实验，此时别人已经熟睡。

从每天闲散的时间里挤出一小时并加以有效利用，足以让每一个普通人掌握一门娴熟的技术。每天一小时，坚持 10 年可以让一个无知的人变得见识广博。他可以每天阅读两份日报，每周阅读两份周刊、两本一流的杂志，甚至一本好书。每天利用 1 小时，孩子们可以完成 20 页的精读，1 年内他们能阅读 7000 页或者 80 本书。

每天一个小时的不同利用方式，造成了那些碌碌无为与那些经世致用的人或生活幸福的人们之间的天壤之别。每天利用一小时，能够——不，是一定能让一个不出名的人变得闻名天下，使一个无用之人成为他们家族的骄傲。

试想一下，一些年轻人每天浪费的时间可能是 2 个小时甚至 4 个小时，更确切地说他们每天浪费在娱乐和消遣上的时间平均是 6 个小时。如果这些时间都加以利用，将会创造怎样的奇迹？

每个年轻人都应该养成利用自己闲散时间的好习惯。将这些时间利用到自己感兴趣的事情上，可

> 每个年轻人都应该养成利用自己闲散时间的好习惯。

以是自己的工作或者其他事情，但必须全身心地投入。

如果一个人能做出明智的选择：将业余时间投身于与自己爱好相关的学习、研究和工作，如此一来，他的能力将得到很好的拓展，他的家庭也能得到改变。

伯克说："据我观察，通常懒惰占据了一个人的大部分时间，只留下了一小部分时间供他自己掌控。除了懒惰之外，没有什么能阻止一个人去做任何事情。"

有些孩子利用零碎的时间或者别人不在意浪费的时间来获得知识，就像某些成人愿意去做一些别人看不起的工作来积累越来越多的财富一样。

年轻人真的是因为太忙以至于每天利用一小的时间来提升自己都做不到吗？佛蒙特州的一名修鞋匠名叫查尔斯·弗罗斯特，他下定决心每天抽一小时来学习。最终他成为美国

一位著名的数学家，同时他在其他领域也颇具造诣。拉斐尔短暂的人生虽然只活了 37 岁，却创造了许多传世之作。

那些成天以"没有时间"为借口的人们难道不觉得羞愧吗？

伟大的人物曾经都是时间的守财奴。西塞罗曾说："别人把时间用于参观公共展会和娱乐，或者是精神和身体上的休息时，我却把时间用于哲学研究。"英国的培根勋爵在担任英国总理期间还利用业余时间，成了一位著名的哲学家。歌德在采访一位伟大的君主时突然中断了采访，迅速冲进相邻的房间写下了《浮士德》的创意，以免遗忘。汉弗里·戴维爵士利用在药店工作的业余时间取得了显赫的成就。英国诗人蒲柏经常半夜起来写下脑子里的好的创意。英国历史学家格罗特利用在银行工作后的闲暇时间写就了无与伦比的著作《希腊史》。恺撒大帝曾说："即使在激烈的战斗中，我也会抽时间在帐篷里思考些事情。"他曾经遭遇海难，不得不游泳上岸，船下沉的时候他仍然在工作，最终完成了《高卢战记》。

我们可以从现在开始好好利用时间，使自己成为自己想成为的任何人。

不要埋怨过去，也不要妄想未来，只需要把握当下，在每个小时的学习中成长。对于还没有出生的人来说，他们很好地利用了每个小时的价值。正如毕达哥拉斯所言："上帝从来不会一下赐予人们一分钟的时间，也只有当你把前一秒用完过后，他才赐予你下一秒钟。"

林肯在研究之余学习了法律，在照管店铺之余博览群书。昆西总统总是在睡觉前制定好他明天的工作计划。

荒废一小时不仅仅是时间的浪费，更是对个人奋斗士气的打击。懒惰会

> **懒惰会让思想生锈，让肌肉变得腐脆。**

让思想生锈，让肌肉变得腐脆。工作将使你取得成就，而懒惰什么也不会有。

当一个年轻人忙于有意义的工作时，不会有人为他操心焦虑。但是，中午去什么地方就餐，晚上他离开公寓去什么地方，晚餐后他做些什么，他怎样安排周末和假期……一个人如何利用他的业余时间将反映他的性格。绝大多数误入歧途的年轻人是毁在晚餐后的时间安排上。相反，大多数攀登事业高峰获得荣耀和威望的年轻人，他们晚上都致力于工作和学习，或者做其他能提高自己的社会事业。

对年轻人来说，每一个晚上都充满了危机。在惠堤尔市的街上有一条清晰的分界线，上面写着："今天我们改变命运，

亲手编织我们的人生网络。"

时间就是金钱。我们虽然不能对其吝啬，但也不能随意地像扔掉一美元钞票似地浪费每一个小时。浪费时间就是浪费精力，就是浪费生命，是对人性品格的消耗，也意味着机不可失，时不再来。请警惕你怎样花费时间，因为你所有的未来都决定于此。

爱德华·埃弗里特说过："给予每个人的时间，是让他培养各种才能。他需要拥有鹰一样的眼睛，抓住每一次提升自我的机会。珍惜时间、抵御诱惑和无视感官上的享乐，让自己成为一个有用的、受尊敬的并且幸福的人！"

13 为所当为，活在当下

人类世界自有史以来，再也没有什么时候比当下更伟大的了。

人类世界自有史以来，再也没有什么时候比当下更伟大的了。

人类以往的历史好似滚雪球一般，一代一代越滚越大，而今天乃是以往各个世纪的总汇，是历代精华的仓库，也是历代发明家、创造家、思想家、技术家努力贡献的总结。

今天是有史以来最伟大的一天，因为它是由过去一切时代所造成的，其中包含着过去的种种成就与进步。今天的青年与50年、100年前同一年龄的青年相比，其享受的幸福相差何止千万倍。

蒸汽、电力的发明把人们从苦役中解放出来，过去时代人们的辛劳造就了今天人们的舒适和自由。可以说，今天的普通民众所享有的舒适与自由，是 100 年前连帝王也没有享受过的。

然而，现在还有些人感叹生不逢时、今不如昔，以为过去的时代都是黄金时代，而现在的时代是糟糕透顶的。

这真是个大大的谬误！

其实，重视目前的生活才是最重要的，昨天和明天都微不足道。生于今日之世界，就应该和今日

> **重视目前的生活才是最重要的，昨天和明天都微不足道。**

的社会保持着接触，绝不可把过多的精力消耗在怀念过去或是梦想将来上。

那些过着现实生活、善于充分利用现实的人，不去枉费精力追悔过去的错误失败及幻梦将来的种种舒适与自由的人，总比那些瞻前顾后的人要有用得多，他们的生命也必定会更成功、更完美。

重视今天的生活，不对将来的生活抱大的幻想，才不会损害自己生命中的乐趣。

不要因为下一月下一年的打算，便轻视目前这一月这一年的生活。

不要践踏今日脚下的玫瑰花，不要因为幻想而把在世界

上本可以享受的一切幸福虚度过去。

　　每个人都应该享受目前所有的舒适安乐，而不要过多梦想明年的汽车洋房；每个人都应该享受目前的服装，不过多奢望明年的华美服装；每个人都应该使自己目前居住的屋舍成为最快乐、最甜蜜的场所，而不过分梦想理想中的寓所。

　　这样说并非是唆使人们不计划明天，并非叫人们不要期望未来更美好的事情，而是叫人们不要过分把注意力集中在将来的事情上，沉醉在明日的期望里，从而错过今日之快乐、今日之机会、今日之享受。

　　人不应该常常把注意力停留在对未来生活的期待里，因为常停留在期待里，未免对今日的生活感到枯燥乏味，对今日的职业不感兴趣，并且破坏享受目前生活的能力。

　　真正的快乐，隐藏在人们生活的实实在在的每一天里，隐藏在当下。

14 坚持到最后，你就是赢家

莎士比亚曾说过：千万人的失败，都失败在做事不彻底。

> 千万人的失败，都失败在做事不彻底。

很多人往往做到离成功还差一步时便终止不做了。其实，只要我们还能坚持一小会儿，便会看到成功的曙光；如果我们不轻言放弃，一直坚持到底，那么成功的大门就会向我们敞开。

希拉斯·菲尔德先生退休的时候已经积攒了一大笔钱，然而他忽发奇想，想在大西洋的海底铺设一条连接欧洲和美国的电缆。

随后，他就开始全身心地推动这项事业。前期基础性的工作包括建造一条 1000 英里长、从纽约到纽芬兰圣约翰的电报线路。纽芬兰 400 英里长的电报线路要从人迹罕至的森林中穿过，所以，要完成这项工作不仅包括建一条电报线路，还包括建同样长的一条公路。此外，还包括穿越布雷顿角全岛共 440 英里长的线路，再加上铺设跨越圣劳伦斯海峡的电缆，整个工程十分浩大。

菲尔德使尽浑身解数，总算从英国政府那里得到了资助。然而，他的方案在议会上遭到了强烈的反对，在上院仅以一票的优势获得多数通过。随后，菲尔德的铺设工作还是开始了。电缆一头搁在停泊于塞巴斯托波尔港的英国旗舰"阿伽门农"号上，另一头放在美国海军新造的豪华护卫舰"尼亚加拉"号上，不过，电缆铺设到 5 英里的时候却突然被卷到了机器里面弄断了。

菲尔德不甘心，进行了第二次试验。电缆这次试验中，在铺到 200 英里长的时候电流突然中断了，船上的人们在甲板上焦急地踱来踱去。就在菲尔德先生即将命令割断电缆、放弃这次试验时，电流突然又神奇地出现，一如它神奇地消失一样。夜间，轮船以每小时 4 英里的速度缓缓航行，电缆的铺设也以每小时 4 英里的速度进行。这时，轮船突然发生了一次严重倾斜，制动器紧急制动，不巧又割断了电缆。

但菲尔德并不是一个轻易放弃的人。他又订购了 700 英里的电缆，同时又聘请了一个专家，请他设计一台更好的机器，以完成这么长的铺设任务。后来，英美两国的科学家联手把机器赶制出来。

最终，两艘军舰在大西洋上会合了，电缆也接上了头。随后，两艘船继续航行，一艘驶向爱尔兰，另一艘驶向纽芬兰。两船分开不到 3 英里，电缆又断开了；再次接上后，两船继续航行，到了相隔 8 英里的时候，电流又没有了。电缆第三次接上后，铺了 200 英里，在距离"阿伽门农"号 20 英尺处又断开了，两艘船最后不得不返回到爱尔兰海岸。

此时参与此事的很多人都泄了气，公众舆论对此也流露出怀疑的态度，投资者也对这一项目没有了信心，不愿再投资。

如果不是菲尔德先生，如果不是他百折不挠的精神，不是他天才的说服力，这一项目很可能就此放弃了。菲尔德继续为此日夜操劳，甚至到了废寝忘食的地步，他绝不甘心失败。

于是，第三次尝试又开始了，这次总算一切顺利，全部电缆铺设完毕而且没有任何中断，几条消息也通过这条漫长的海底电缆发送了出去，一切似乎就要大功告成了，但突然电流又中断了。

这时候，除了菲尔德和他的一两个朋友外，几乎没有人不感到绝望。但菲尔德仍然坚持不懈地努力，他最终又找到了投资人，开始了新的尝试。

他们买来了质量更好的电缆，这次执行铺设任务的是

"大东方"号，它缓缓驶向大洋，一路把电缆铺设下去，一切都很顺利，但最后铺设横跨纽芬兰 600 英里电缆线路时，电缆突然又折断了，掉入了海底。他们打捞了几次，但都没有成功。于是，这项工作就耽搁了下来，而且一搁就是一年。

所有这一切困难都没有吓倒菲尔德。他又组建了一个新的公司，继续从事这项工作，而且制造出了一种性能远优于普通电缆的新型电缆。

1866 年 7 月 13 日，新的试验又开始了，并顺利接通，发出了第一份横跨大西洋的电报。电报内容是："7 月 27 日。我们晚上 9 点到达目的地，一切顺利。感谢上帝！电缆都铺好了，运行完全正常。希拉斯·菲尔德。"

不久以后，原先那条落入海底的电缆被打捞上来了，重新接上，一直连到纽芬兰。现在，这两条电缆线路仍然在使用，而且再用几个 10 年也不成问题。

菲尔德的成功证明：只要持之以恒，不轻言放弃，就会有意想不到的收获。然而，许多人做事常

> 只要持之以恒，不轻言放弃，就会有意想不到的收获。

半途而废。他们不知道，其实，只要自己再多花一点力量，再坚持一段时间，那些下大功夫争取的东西就会得到。可惜

的是，当目标就要达到时，许多人却一下子放弃了。

英国诗人威廉·考珀曾语重心长地说："即使是黑暗的日子，能挨到天明，也会重见曙光。"

这是事实，最后的努力奋斗，往往是胜利的一击。

1941 年秋天，第二次世界大战期间，英国正陷入苦战。首相丘吉尔受到来自内阁的压力，要他和希特勒妥协，寻求和平之可能。

丘吉尔拒绝了，他说事情会有变化，美国会加入大战，局势将会被打破。对他的主张坚决，有人曾问他何以如此肯定，他回答说："因为我研读历史，历史告诉我们，只要你撑得够久，事情总是会有转机的。"

1941 年 12 月 7 日，日本偷袭珍珠港，距离丘吉尔的那番谈话不过几个星期。希特勒知道这个消息，立刻向美国宣战，一夕之间情势逆转，美国的全部兵力都拥向英国这边来。日本片面的军事行动牵动了世界局势，使得丘吉尔得以拯救英国，使之免于受到纳粹德军的摧残。

坚持到底，这就是"毅力"。在这个世界上，没有任何事物能够取代毅力。

能力无法取代毅力，这个世

> 在这个世界上，没有任何事物能够取代毅力。

界上最常见到的莫过于有能力的失败者；天才也无法取代毅力，失败的天才更是司空见惯；教育也无法取代毅力，这个世界充满具有高深学识的被淘汰者。拥有毅力再加上决心，就能无往不胜。

肯德基炸鸡速食店创始人桑德斯上校就是典型的例子。原本他在一条旧公路旁有一家餐厅，后来新公路辟建之后，车子不经过这里，他只好把餐馆关了。这时他已经 60 岁了。

他认为他唯一的财产——做炸鸡的秘方一定会有人要。于是，他开始去拜访那些他认为会愿意投资在这张配方上的人。他问了一个、两个……几百个，都没有人要，但他还是认为"一定有人要"，并且不断地研究对方不接受的原因。就这样，经过 1009 次的尝试，终于有人愿意投资。他成功地创立了世界著名的速食公司，而且在大家认为没有希望的年龄才开始了他的新事业。

坚持并不一定是指永远坚持做同一件事。它的真正意思是：你应该对你目前正在从事的工作集中精神全力以赴；你应该做得比自己以为能做的更多一点、更好一点；你应该多拜访几个人，多走几里路，多练习几次，每天早晨早起一点，随时研究如何改进你目前的工作和处境。

每一个成功人物的背后都满载着辛苦奋斗的历程。

著名钢琴演奏家贝多芬在一次精彩绝伦的演奏结束后，身旁围绕着赞美音乐奇才的人群。一个女乐迷冲上前呼喊道："哦！先生，如果上帝赐给我如你一般的天赋，那该有多好！"

贝多芬答道："不是天赋，女士，也不是奇迹。只要你每天坚持练习 8 小时钢琴，连续 40 年，你也可以做得像我一样好。"

第 4 章

**总有一天你会变成
你喜欢的样子**

1 美好的未来已经发生

一个人不应受制于命运。世界上有许多贫穷的人，他们虽然出身卑微，却能做出伟大的事业来。

富尔顿发明了一个小小的推进机，结果成了美国著名的大工程师；法拉第仅仅凭借药房里几瓶药品，成了英国有名的化学家；惠德尼靠着小店里的几件工具竟然成了纺织机的发明者；赫威靠几只缝针和梭子发明了缝纫机；贝尔竟然用最简单的器械发明了对人类文明有很大贡献的电话。

在美国历史上，最感人肺腑、催人泪下的故事便是个人通过奋斗而获得成功的奇迹，很多男男女女们都确立了伟大的目标，尽管在前进的路途中遭遇了种种非常艰难的阻碍，但他们依然忍耐着，以坚韧来面对苦难，最后终于克服了一切困难，获得了成功。更有许多人本来处于十分平庸的地位，但他们却能依靠自己坚忍不拔的意志、努力奋斗的精神，最终跻身于社会名人领袖之列。

再来看那些失败者，他们的借口总是："我没有机会！"他们常常说自己之所以失败是因为缺少机会，是因为没有伯乐的慧眼，没有幸运女神的垂青，好位置就只好让他人捷足先登，等不到他们去竞争了。

可是有意志的人绝不会找这样的借口，他们不等待机会，也不向亲友们哀求，而是靠自己的苦干努力去创造机会。他们深知，唯有自己才能给自己创造机会。

在一次战斗胜利后有人问亚历山大，是否等待机会来临再去进攻另一个城市。亚历山大听了这话，竟大发雷霆，他说："机会？机会是要靠我们自己创造出来的！"创造机会，这便是亚历山大之所以伟大的原因。因此，唯有去创造机会的人，才能建立轰轰烈烈的丰功伟绩。

如果一个人做一件事情总要等待机会，那是极危险的。一切努力和热望都可能因等待机会而付诸东流，而那机会也会如镜花水月，终不可得。

有人认为，机会是打开成功大门的钥匙，一旦有了机会，便能稳操胜券，走向成功，但事实并

> 无论做什么事情，有了机会，还需要不懈的努力，这样才有成功的希望。

非如此。无论做什么事情，有了机会，还需要不懈的努力，这样才有成功的希望。

在社会生活中，到处都有大批失业的人群，表面看起来就好像是社会对劳动力的需求不足。但事实上，许多用人单位都还有许多空缺的职位保留着。很多企业的门口都还张贴着"诚聘员工"的广告。当然，企业所招聘的是那些受过更好训练的人们，是那些更为出色的经理和领袖——企业界要求人格更完善的人才。

有时候，人们往往把希望要做的事业，看得过于高远。其实最伟大的事业只要从最简单的工作入手，一步一个脚印地前进，便能达到事业的顶峰。

年轻人如果看过林肯的传记，了解了他幼年时代的境遇和后来的成就，会有何感想呢？他住在一所极其粗陋的茅舍里，既没有窗户，也没有地板，以我们今天的观点来看，他仿佛生活在荒郊野外，距离学校非常遥远，既没有报纸书籍可以阅读，更缺乏生活上的一切必需品。然而，就是在这种情况下，他一天跋涉二三十英里到简陋不堪的学校里去上课；为了自己的进修，要奔跑一二百英里去借几册书，而晚上又靠着燃烧木柴发出的微弱火光阅读。林肯只受过一年的学校教育，处于艰苦卓绝的环境中，竟能靠自己的努力奋斗，一跃而成为美国历史上最伟大的总统之一，成了世界上完美的模范人物。

伟大的成功和业绩永远属于那些富有奋斗精神的人，而不是那些一味等待机会的人。人们应该牢记，美好的未来已经发生，机会就在眼前。如果以为个人发展的机会在别的地方，在别人身上，那么一定会遭到失败。机会其实包含在每个人的人格之中，正如未来的橡树包含在橡树的果实里一样。

如果只是一句"我没有机会"，这位生长在穷乡僻壤茅舍里的孩子怎么会入主白宫，怎么会成了伟大的美国总统？而同一时代那些生长在有图书馆和学校的环境中的孩子，其成就反不如茅舍里的苦孩子，这又如何解释呢？再看那些出生于贫民窟的孩子们，有的不是做了大银行家、大金融家、大商人了吗？那些大商店和大工厂，许多不就是由那些"没有机会"的孩子们靠着自己的努力而创立的吗？

因此，"我没有机会"只是失败者的推诿之词，而伟大的人总是从当下开始，一步一个脚印。他们美好的未来已经注定。

2　快乐是滋养人心的营养液

真正伟大的人往往能主宰自己的性情，统治自己的心灵。富有化学性心灵的人——也就是善于管理自己情绪的人能消灭忧虑，解除烦闷，正如同化学家以碱性来中和酸性一样。

不懂化学的人不知道中和的道理，错溶在别的酸性液体里，非但不能获得中和，反使药性更剧。化学家们都知道各种酸性的作用，以及与其他化合物溶解后的效用。

因此，一个具有化学性心灵的人知道用快乐的解毒药来消除沮丧的神志、忧郁的思想；用乐观的思想可以消灭悲观的思想；用和谐的思想可以解除偏激的思想；用友爱的思想可以淘汰仇恨的思想。他懂得种种管理自己情绪的方法，心灵上便不会受种种痛苦。

许多人对自己思想上的种种苦闷和烦恼都没有方法来消除，因为他不知道心灵的化学原理。任何人都会面临心灵上的苦闷，不过到了一个时期，人应该以理性的力量来指导自己，用适当的消毒药来解除心灵上的各种苦闷。

心中充满悲观、偏激、仇恨的思想时，只要立刻转到相反的思想上，便会产生乐观、和谐、友爱的思想，这就好像把冷水管的龙头一开，沸水便会立刻降低温度一样。

人应该能像调节水温一样调整自己的思想，在水太热的时候就要把冷水管的龙头打开。如果在怒气正盛的时候，要立刻转

> 人应该能像调节水温一样调整自己的思想，在水太热的时候就要把冷水管的龙头打开。

到友爱和平的思想上，这样怒气自然就消除了。有了友爱的思想，仇恨便不会存在。有了爱人如己的思想，便会消除妒忌和报复的恶念。

大部分人不知道以善美的思想来替代恶念，他们认为只要把恶念驱逐了就可以了，然而他们不知道的是，用真善美的思想来驱逐恶念将更有效。人们无法驱逐屋里的黑暗，但只要让光亮进来，黑暗便自然消失了。

许多人以为思想只是影响着脑神经，其实不全然如此。生理学家发现盲人的手指头上有着熟练的神经质，不少盲人有一种惊人的技艺，如能辨别织品的精粗，甚至颜色的浓淡

深浅，这足以证明思想并不全限于脑神经。

人的身体由 12 种不同的细胞织成，如脑细胞、骨细胞、肌肉细胞等，一个人的健康全赖于各种细胞的健全。身体上的无数细胞都有着密切的联系，有害于一个细胞的就有害于全身的细胞，有益于一个细胞的也就有益于全身的细胞。每个细胞健康还是不健康，有生命还是已死亡，都与人的思想有非常密切的关系。

生理学家的实验表明，一切邪恶的思想皆有损于人身体的细胞。由于激怒而使神经系统受的损伤，有时要费上数星期才能恢复原状。无数的实验证明，一切健全、愉悦、和谐、友爱的思想都有益于全身的细胞，都有益于增进细胞的活力。至于那相反的思想如偏激、绝望、悲伤等，都有损于细胞的活力。

科斯教授曾做过一个实验，证明愤怒和忧郁的情感有损于身体的和谐；而快乐的情感具有滋养细胞和再生细胞的力量。

科斯教授说："不良的情感，对于人体的肌肉，有着相当的化学作用。良好的情感对人生有着全面的有益影响。脑神经中的每一个思想，都因细胞的组织而更改，而这种更改是永久性的。"

对于水来说，没有一种污染不能经由化学的方法来提纯。同样，没有一种污浊、鄙陋的思想不能由健康、正确的思想来肃清。偏激、悲观、不和谐都是思想的病症，而只有真实、美满、乐观的思想才会提高人生的价值。一旦一个人有了健康的思想，那不健康的思想便无存在的余地，因为健康的思想和不健康的思想是势不两立、水火不容的。

3 健康是人生最大的资本

身心的不健康对个人和社会所造成的祸害与损失的总量，谁又能计算呢？

健康乃是生命力最主要的源泉。

一个人如果没有了健康，则必定觉得生趣索然，办事效率锐减，其生命也

> **健康乃是生命力最主要的源泉。**

因而暗淡无光。因此，一个人如果有着健康的思想和健康的身体，这本身就是一种莫大的幸福。

一些受过高等教育的年轻人，有知识也有才能，可惜因为身体健康的原因，空有远大的抱负、满腹的志向却终究不能将之变为现实。

在这个世界上，有无数的人因为身体的羸弱而过着忧闷的生活，因为他们觉得自己纵然有满腹经纶、雄韬伟略，却

由于身体的原因不能发挥出来。

这样的才智不得施展实在是莫大的悲哀呀！人一生中最令人失望的事情莫过于壮志难酬。抱负远大，却因为缺乏身体的条件而不能实现梦想，乃是一生中最痛苦的事情。

许多人之所以做了身体的奴隶，并由此而忍受着壮志难酬的痛苦，主要是因为他们一开始就不知道保养身心使之健全。所以，每个人都要懂得使自己身体和精神获得健康的方法。

一个人如果全部精力都专注于自己的职务和工作，绝少休息和娱乐，也绝少更换工作的内容与环境，甚至绝无更换，那么他的思想往往就没有活跃的机会。一个人若是呆板不变，也很少游戏娱乐，就容易对自己的职业感到乏味无聊。所以，一个整天埋头工作、在生活中缺少娱乐的人，往往会在事业上会趋于早衰。而工作与生活上的没有变化与调节，也是使才能早衰甚至枯萎的最大原因。

那些经年累月埋头苦做，即便遇见老朋友也无暇谈话的人，往往不是成就大业的人。

我认识一个成功的商人，他是某家公司的总经理，但他一天办公的时间只有两三个小时。他时常出门游历，以此来丰富自己的思想。他清楚地认识到：只有保持健康的身体，才可能用最大的力量来应付工作。后来，这位商人做成了很大的事业。他办公的时候，由于精力充沛，工作效率极高，极少失误，因此他两三个小时工作的效能竟超过一般人八九个小时的工作成果。

一个生活谨慎的人体内储藏着极大的能量，能够抵抗各种疾病的侵袭。但如果一个人耗尽了自己

> 一个生活谨慎的人体内储藏着极大的能量，能够抵抗各种疾病的侵袭。

所有的体力和精力，那么当意外发生时，他便无力抵抗，于是只好束手就擒了。

"只工作而不游戏，使杰克变成了一个笨孩子。"这是美国流行的一句格言。

人类的天性中有爱好游戏娱乐的一面，所以游戏娱乐实在是人们生活中不可或缺的组成部分。可时下有不少雇主，逼迫雇员整日埋头工作，他们不懂得：恰当的游戏娱乐可以使雇员获得更为健全的身体，反而可以由此提高工作的效率与效能。

不少人认为自己也许可以在大自然的规则面前蒙混过关，所以他们破坏一切健康的规则，比如两三天的工作用一天来做完，两三天的食物一顿就吃尽，他们还天真地以为打破了

生物的规律，可用医疗方法来加以补救。这种思想与做法愚蠢至极！

还有很多人过着极端相反的生活，一边滥用自己的身体，一边又请医生来诊治。结果，胃病、失眠、癫狂、神经衰弱等病症，终于无法避免。

一个人脑力的充足全赖于身体的强健。一个身体健康的人，其才干与效能要超过 10 个体弱者的才干与效能，所以我们所需要的乃是健全的身心，乃是一种有节制的生活。

4 意志力高于一切

要使水变为蒸汽，必须把水烧到华氏 212°。华氏 200°的温度不能使水化为蒸汽，即使加热到华氏 210°也仍然不能。而只有水煮沸后才能发出蒸汽来，才能发动机器，使火车获得前进的动力。温水是不能推动任何东西的。

很多人想用微温的水或将沸的水来推动火车，然而，他们会感到很惊讶，火车为什么老是停着不动？

正如温水不能推动火车一样，如果用冷淡的态度对待工作，绝不会有所成就，也无法推动生命的火车。

每一个人都应该有坚强的意志力，还应该具有使意志力趋于坚定的能力。如果没有这种能力，就像永远达不到沸点的水一样，靠这样的水的蒸汽来推动的火车也只会停在原地。

一个有着坚强意志力的人，便有创造的力量。

不论做什么事都要有坚强的意志，任何事情只有付出极大的努力才能获得成功。

人一生的成败，大多系于意志力的强弱。具有坚强意志力的人遇到任何艰难障碍，都能克服困

人一生的成败，大多系于意志力的强弱。

难，消除障碍，玉汝于成。但意志薄弱的人一遇到挫折，便只求退缩，最终归于失败。

生活中有许多青年，很希望上进，但是意志薄弱，没有坚强的决心，不抱着破釜沉舟的信念，一遇挫折，立即后退，所以终遭失败。

请问问自己，你是以怎样的态度来应付困难的呢？当困难临头的时候，你感到慌乱或是恐惧吗？你是犹豫还是逃避呢？面对困难的时候，你是否有推诿的态度呢？你会想"如果我能做的话，我一定做"，还是会以"试试看"的态度对付呢？

其实，人的意志力有着极大的力量，它能克服一切困难，不论所经历的时间有多长，付出的代价有多大，无坚不摧的意志力终能帮助人达到成功的目的。

一个能控制自己意志力的人会具有推动社会的伟大力量。这种巨大的力量可以实现他的期待，达到他的目标。如果

一个人的意志力坚固得跟钻石一样，并以这种意志力引导自己朝着目标前进，那么所面对的一切困难，都会迎刃而解。

远大的目标往往是一个人强有力的精神支柱，它能使年轻人免掉种种试探与诱惑，而不至堕落到罪恶的深渊中去。

如果你见到一个年轻人用斩钉截铁的态度去实施他的计划，而丝毫没有"如果""或者""但是""可能"的念头，那这样的年轻人一定会抵制种种诱惑，将来也必定会获得成功。

古往今来，凡有明确目标并能照着既定程序去做的人，便能坚定自己性格上的勇气与力量，而这种勇气和力量足以支撑其成功。

人人都应该去争取理想的自由，因为只有自由地张扬自己的理想，才能创造出宏大、完美的成就。如果一个人不去争取理想的自由，不以实现最高人生目的为要务，那么不论他多么尽心尽职，多么发奋努力，他的一生也不会有大的成功。

没有控制意志力的力量，便没有持之以恒的决心，也就没有发明与创造的可能性。

有许多年轻人最初很热心于自己的事业，但是往往就在一夜之间竟然会放弃自己原有的事业，而去进行别的事业。他们常常怀疑自己是否处在恰当的位置上；他们常常疑惑自己的才能怎样加以利用会最有价值。有时面对困难，他们会感到灰心，甚至是沮丧，或者当他们听了某人做成了某项事业，他们便开始埋怨自己，为何自己不也去做同样的事业。

可以肯定地说，如果一个人经常放弃他一贯期待的目标，他就绝不会成为一个成功者。从一个人所做的事业中可以看出他真正的气质。每当有年轻人来找我商量，要不要变换他所从事的职业时，我总觉得他很可怜，觉得他的意志还没有确立起来，他的事业还与他的天性不合，否则，他是绝不会如此的。

要使自己的生命具有特殊意义，要与众不同，就要做高尚的事情。无论历时多么久远，无论要面临多少艰难曲折，绝不可放弃成功的希望和志向。

5 适合你的工作才是最好的

　　"每个人都有他的长处，" 阿特姆斯·沃德说道，"有的人擅长这一行，有的人擅长那一行。还有一些人他们擅长的就是无所事事，整日游来荡去。"

　　有段时间，我坚信自己可以玩马戏。于是，我搭便车进了一个马戏团。表演时我前面有一匹马，后面有两匹马。但是，站在那个位置之后这些马开始踢我，四蹄蹦来蹦去，叫个不停，一片混乱。结果我的后背和肚子都被踢了好几下。更糟糕的是，我一下被踢到其他马群里，又疼又怕，于是忍不住像个野人一样大叫起来。接着我获救了，被人拉起来背回了旅馆。我头上扎着带子用虚弱的声音对自己说："小子，玩马你在不在行？"

　　这个故事的寓意是：千万不要做自己不擅长的事。如果你做了，就会发现自己像在泥浪中翻滚。当然，这只是比喻。

你的才能就是你的需求。你的合理命运在你的性格中表露无遗。

如果可能的话，选择一项可以最大化利用你过去经验和爱好的工作。那时，你不仅有一份兴味盎然的工作，而且会最大限度利用你的技能和商业知识，这是你真正的资产。

> 如果可能的话，选择一项可以最大化利用你过去经验和爱好的工作。

跟随你的爱好。你不能与你的愿望持久抗争。

父母、朋友或者灾难有时会通过安排一些不太愉快的事来扼杀和抑制一颗向往的心。但是，就像火山一样，内部的火焰会冲出外壳，让压抑已久的才能倾泻而出，在演讲、音乐、艺术或者其他喜爱的行业中爆发。注意：才能并不是完美到没有缺陷。

正如马修·阿诺德所说，成为擦鞋匠中的拿破仑，烟囱口清扫工中的亚历山大，也好过愚蠢无知的律师对法律一无所知。

世界上似乎有一半的人从事着与自己的兴趣不相投的工作。女服务员想成为教师，一个天生的老师在开店，善良的农民在挑战法律，每个人都对没有成就感的命运备感煎熬。

应当在学校里全力攻克希腊语和拉丁文的男孩们却在工厂里日复一日。而成千上万在大学里做着没完没了的作业和功课的孩子本来应该愉快胜任农民或水手工作。在画布上涂鸦的艺术家却被本来只配粉刷篱笆的人充当了。站在柜台后的店员对算术、尺寸一点兴趣都没有，忽视本职工作的时候却梦想着其他职业。一个好的鞋匠在村里的报纸上写了几行诗，他的朋友们便称他诗人，最后，他竟然为了作诗——尽管还很生疏和笨拙，却放弃了自己擅长的制鞋。其他的鞋匠有的去国会从政，而一些政治家又在敲打制鞋。

人们在怀疑是什么导致了这么多错位和空缺。一个从小心灵手巧喜欢使用工具的孩子竟然一鼓作气上到大学，从此走上了庸庸碌碌的道路，从事着"三种最荣耀的职业"中的一种。真正的外科医生整天抡着砍刀和劈斧时，屠夫却在医院里给病人截肢。

一个人的职业比其他任何事情都更强烈地影响到他的生活。

> 一个人的职业比其他任何事情都更强烈地影响到他的生活。

如果一个人没有工作，他就不会觉得自己是个真正的人。无所事事的人称不上是完整意义的人。他不能通过他的工作来证明他是一个人。

150磅的肌肉和骨骼不足以构成真正的人。就算大脑良好也不算是一个真正的人。骨骼、肌肉和大脑必须知道怎么做一个人的工作，在它们组成一个人的时候，须完善自己的思考，规划自己的生涯，完善自己性格和承担责任的重要性。

埋头苦读、努力工作是成功的第一个前提。

坚持不懈、持之以恒是第二个前提。

在通常情况下，随着具有实际意义的常识指导，拥有这些前提条件的人们通常不会失败。格莱斯顿说过，一个人能够胜任的工作任务是有限的，体力和脑力都是如此。

不要眼高于顶，要敢于接受提供给你的第一份体面工作，不要太在乎自己的能力和工作任务之间的差距。如果你在工作中表现出自己做事情的能力和效果，完全能够胜任那个工作，那么，很快就会有更好的工作分配给你。

当然，你不能坐等更高的职位或是更丰厚的薪水。要扩展已有岗位，注入新的创意。要比你的前辈或是下属行动更快捷、精力更加充沛、思考更加深入、表现更有礼貌。研究你的工作，设计新的运行方式，有能力给老板提出建议。工作的艺术不在于仅仅满足岗位要求，填补你的职位空缺，而是比期望做得更好，让你的老板惊讶；当然回报会是更好的岗位，更丰厚的薪水。

当选择职业的时候，不要问自己可以赚多少钱或可以获得多大的名声，应该选择那些能使你雄心勃勃，倾尽全力发展，平衡各方面，将来会有所成就的职业。地位、金钱和名望并非你所想，而能力才是你所要的。

　　如果你的职业只是很平凡的一种，那么就用比别人更高的热情来对待，提升它的价值，带着智慧、勇气、能量，并卓有成效。用创意开阔、进取心和勤奋浇灌。学习研究这个工作，就如你的专业一样，学习所有有关它的一切。

　　集中你所有的才能，世上所有伟大的成就源自简单的目标，源自不顾一切奋斗的灵魂。提升自己的工作，比寻找其他工作更好。

6 点燃你内心的工作激情

看一个人做事的好坏，只要看他工作时的精神和态度就可以了。如果某人做事的时候感到受了束缚，感到所做的工作完全是劳碌辛苦，没有任何趣味可言，那他绝不会做出伟大的成就。

一个人对工作所具有的态度，和他本人的性情、做事的才能有着密切的关系。一个人所做的工作就

> 了解一个人的工作，在某种程度上就是了解那个人。

是其人生的部分表现。而一生的职业就是其志向的表示、理想的所在。所以，了解一个人的工作，在某种程度上就是了解那个人。

一个人如果只是一味地轻视自己的工作，并且对待工作毫不尽心，那他也绝不会尊敬自己。如果一个人只是认为自

己的工作辛苦、烦闷，那他的工作绝不会做好，这一工作也无法发挥其特长。

在如今的社会上，有许多人不尊重自己的工作，不把自己的工作看成创造事业的要素、发展人格的工具，而仅仅视为衣食住行的供给者，认为工作是生活的代价、是不可避免的劳碌，这是多么错误的观念啊！

相爱是结婚的唯一理由，也唯有爱能化解婚姻生活中种种困难和烦恼。工作也是如此。只有真正的热爱，才能解决工作中绝大部分问题和困境，不管是经商还是其他工作。

人往往是在克服困难过程中产生了勇气、坚毅和高尚的品格。常常抱怨工作辛苦忙碌的人，终其一生也绝不会有真正的成功。抱怨和推诿其实只是懦弱的自白。

在任何情形之下都不允许你对自己的工作表示厌恶，因为厌恶自己的工作是最坏的事情。如果你为环境所迫而做着一些乏味的工作，你也应当设法从这乏味的工作中找出乐趣来。要知道，凡是应当做而又必须做的事情，总会找出做事情的乐趣，这是我们对于工作应抱的态度。有了这种态度，无论做什么工作，都能收效甚好。

如果一个人鄙视、厌恶自己的工作，那么他必遭失败。引导成功者的磁石不是对工作的鄙视与厌恶，而是真挚、乐观的精神和百折不挠的热情。

不管你的工作是怎样地卑微，你都应当付之以艺术家的精神，待之以十二分的热忱。这样，你就可以从平庸卑微的境况中解脱出来，打心底里不会再有劳碌辛苦的感觉，你也就能使自己的工作成为乐趣。久而久之，对这份工作的厌恶之感也自然会烟消云散。

一个人工作时，如果能以精进不息的精神、火焰般的热忱充分发挥自己的特长，那么不论做什么样的工作都不会觉得劳苦。如果我们能以充分的热忱去做最平凡的工作，也能成为最精巧的工人；如果以冷淡的态度去做最高尚的工作，也不过是个平庸的工匠。所以，在各行各业都有发展才能、提升地位的机会。在整个社会中，实在没有哪一个工作是可以任人随意藐视的。

一个人的终身职业就是他自己亲手制成的雕像，美丽还是丑恶、可爱还是可憎，都是由这个人亲手造成的。而人的一举一动，无论是写一封信、出售一件货物或是一句谈话、一个思想，都在说明雕像的美丽或丑陋、可爱或可憎。

不论何事，务当竭尽全力，这种精神的有无可以决定一个人日后事业上的成功或失败。如果一个人领悟了通过全力工作来免除工作中的辛劳的秘诀，那他也就掌握了取得成功的基本原则。倘若能处处以主动、努力的精神来工作，那么即便在最平庸的职业中，也能增加其权威和财富。

当然，一个人也不要使自己的生活太呆板，做事不要太机械，要使生活艺术化，这样，在工作中才会感觉到兴趣，自然也就会尽力去工作。

任何人都应该有这样的志向：做任何一件事情，不论遇到什么困难，总要尽力做到尽善尽美。在工作中，要尽力表现出自己的特长，发挥自己的潜能，切不可自视工作卑微而自我贱视。

7 凡事抓重点，不要纠缠于细枝末节

从重点问题突破是成大事者的思考习惯之一，因为没有重点的思考，等于毫无主攻目标。

卡尔森是一个具有重点思维习惯的人。他于 1968 年加入温雷索尔旅游公司从事市场调研工作，3 年以后，北欧航联出资买下了这家公司，卡尔森先后担任了市场调研部主管和公司部门经理。由于他熟悉业务，并且善于解决经营中的主要问题，使得这家旅游机构发展成瑞典第一流的旅游公司。

卡尔森的经营才能得到了北欧航联的高度重视，他们决定对卡尔森进一步委以重任。

航联下属的瑞典国内民航公司购置了一批喷气式客机，由于经营不善，连年亏损，到最后就连购机款也偿还不起。

1978 年，卡尔森调任该公司的总经理。担任新职的卡尔森充分发挥了擅长重点思维的才干，他上任不久，就抓住了

公司经营中的问题症结：国内民航公司所定的收费标准不合理，早晚高峰时间的票价和中午空闲时间的票价一样。卡尔森将正午班机的票价削减一半以上，以吸引去瑞典湖区、山区的滑雪者和登山野营者。此举一出，很快就吸引了大批旅客，载客量猛增。卡尔森任主管后的第一年，国内民航公司即扭亏为盈，并获得了丰厚利润。

卡尔森认为，如果停止使用那些大而无用的飞机，公司的客运量还会有进一步的增长。一般旅客都希望乘坐直达班机，但庞大的"空中客车"无法满足他们的这一愿望。尽管DC－9客机座位较少，但如果让它们从斯堪的纳维亚的城市直飞伦敦或巴黎，就能赚钱。但原来的安排是DC－9客机一般到了哥本哈根客运中心就停飞，旅客只好去转乘巨型"空中客车"。卡尔森把这些"空中客车"撤出航线，仅供包租之用，辟设了奥斯陆至巴黎之类的直达航线。

与此同时，卡尔森的另一举措也充分显示了他的重点思维能力，这就是"翻新旧机"。

当时市场上的那些新型飞机引不起卡尔森的兴趣，他敦促客机制造厂改革机舱的布局，腾出地盘来加宽过道，使旅客可以随身携带更多的小件行李。北欧航联拿出1500万美元（约为购买一架新DC－9客机所需要费用的65%）来给客机整容，更换内部设施，让班机服务人员换上时尚新装。公司的 DC－9 客机一直使用到 1990 年。靠着那些焕然一新的 DC－9 客机招徕越来越多的旅客，当然，滚滚财源也随之而来。

卡尔森是善于重点思维的典范。成功人士遇到重要的事情时，一定会仔细地考虑：应该把精力集中在哪一方面呢？怎样做才能使我们的人格、精力与体力不受到损害，又能获得最大的效益呢？

那些有成就的人都已经培养出一种习惯，就是找出并设法控制那些最能影响他们工作的重要因素。这样一来，他们也许比起一般人来会工作得更为轻松愉快。由于他们已经懂得秘诀，知道如何从不重要的事实中抽出重要的事实，这样，他们等于已为自己的杠杆找到了一个恰当的支点，只要用小指头轻轻一拨，就能移动原先即使以浑身的力量也无法移动的沉重工作。

8 圈子对了，事就成了

约翰·费尔德看见自己的儿子马歇尔在戴维斯的店里招待顾客，就问戴维斯："戴维斯，近来马歇尔的生意学得怎么样？"

戴维斯一边从桶里拣出一个苹果递给他，一边回答道："约翰，我们是多年的老朋友了，我不想让你有朝一日后悔，而我又一向是个直爽的人，喜欢说实话。所以我必须告诉你马歇尔肯定是个稳健的好孩子，这不用说，一看就知道。但是，即使在我的店里学上1000年，他也不会成为一个出色的商人。他生来就不是个做商人的料。所以，约翰，你还是把他带回乡下去，教他学学养牛吧！"

如果马歇尔依旧留在这个地方，在戴维斯的店里做个伙计，那他日后绝不会成为举世闻名的商人。可是他离开戴维斯的店里之后来到了芝加哥，亲眼看见在他周围许多原来很贫穷的孩子做出了惊人的事业，因此，他的志气突然被唤起，他的心中也燃烧起一个要做大商人的雄心烈火。他问自己："如果别人都能做出惊人的事业来，为什么我自己不能呢？"其实，他具有大商人的天赋，但戴维斯店铺里的环境不足以激发他潜伏着的才能，无法发挥他储藏着的能量。

一般来说，一个人的才能源于天赋，而天赋又不大容易改变。但实际上，大多数人的志气和才能都深藏潜伏着，必须要外界的东西予以激发，而志气一旦被激发，又能加以持续的关注和学习，就能发扬光大，否则终将萎缩继而消失。

如果人们的潜能与才能不被激发、不能保持、不能得以发扬光大，那么，其固有的才能就要变得迟钝并失却它的力量。

爱默生说："我最需要的，就是有人叫我去做我力所能及的事情。"

去做"我"力所能及的事情，是表现"我"的才能的最好途径。拿破仑、林肯未必能做的事情，

> 去做"我"力所能及的事情，是表现"我"的才能的最好途径。

但"我"能做，这只要尽"我"最大的努力，发挥"我"所具有的才能。

我们大多数人的体内都潜伏着巨大的才能，但这种潜能大多数时候都在酣睡，一旦被激发，便能做出惊人的事业来。那么，如何唤醒你的潜能呢？最主要的就是环境，是圈子。

　　美国西部某市的法院里有一位法官，他在中年时还是一个不识文墨的铁匠。然而，如今已经到知天命年龄的他，却成了全城最大的图书馆的主人，并获得许多读者的称誉，被认为是学识渊博、为民谋福利的人。这位法官唯一的希望，是要帮助同胞们接受教育，获得知识。可是他自身并没有接受系统的教育，为何产生这样的宏大抱负呢？

　　原来他不过是偶然听了一篇关于《教育之价值》的演讲。就是这次演讲唤醒了他潜伏着的才能，激发了他远大的志向，从而使他做出了这番造福一方民众的事业来。

　　在我们的现实生活中，有许多人直到老年时才表现出其不同于常人的才能。为什么人到老年会激发他们的才能呢？有的是因为阅读富有感染力的书籍而受到激发；有的是由于聆听了富有说服力的讲演而受感动；有的是由于朋友真挚的鼓励。而对于激发一个人的潜能，作用最大的往往就是朋友的信任、鼓励、赞扬。

　　印第安人的学堂里曾经挂着不少印第安青年的照片。他们在学校里毕业时的神情与他们刚刚从家乡里出来时的神情大为不同。在毕业照片上，他们是一副气宇轩昂的模样——个个服装整齐，脸上流露出智慧，双目炯炯，才华横溢。看了这样的照片，你一定可以预见他们将来能做出伟大的事业来。但是他们中的大部分人回到自己的部落以后，奋斗不多时就不能保持自己新的标准了，逐渐又恢复旧日的面貌。

当然这不是一概而论的，也有少数人由于具有坚强的意志，具备了抵抗堕落的力量。

倘若你和一般的失败者面谈，就会发现他们失败的原因，是因为他们无法获取良好的环境，是因为他们从来不曾走入过足

> 在人的一生当中，无论何种情形下，都要不惜一切代价，进入一种可能激发自己的潜能的气氛中。

以激发人、鼓励人的环境中，是因为他们的潜能从来不曾被激发，是因为他们没有力量从不良的环境中奋起振作。

在人的一生当中，无论何种情形下，都要不惜一切代价，进入一种可能激发自己的潜能的气氛中；都要不怕一切代价，走入一种可能激发自己走上自我发达之路的环境里。努力接近那些了解你、信任你、鼓励你的人，这对于你日后的成功，具有莫大的影响。

你还要与那些努力要在世界上有所表现的人接近，因为

他们往往志趣高雅、抱负远大。接近那些坚决奋斗的人，你会在不知不觉中深受他们的感染，养成奋发有为的精神。如果你做得还不十分完美，那些在你周围向上爬的人就会来鼓励你做更大的努力、做更艰苦的奋斗。

如果人们的天赋与才能不被激发、不能保持、不能得以发扬光大，那么，其固有的才能就要变得迟钝并失却它的力量。

9　人的品格是世界上最伟大的一种力量

林肯总统的美好名声为什么不随着岁月的流逝而消失，反而与日俱增、妇孺皆知呢？这是由于林肯总统终其一生都保持着正直的品格，从来没有作践过自己的人格，从来不糟蹋自己名誉的缘故。

试问，在人类的历史上又有多少人能像林肯总统那样精神不朽、流芳百世呢？恐怕是极其罕见的。看来这的确是印证了一句话："人的品格是世界上最伟大的一种力量。"

如果一个年轻人在刚踏入社会的时候便决心把建立自己的品格作为日后事业的资本，并且在做任何事情的时候，其行为都无悖于养成完美人格的要求，那么，即使他无法获得盛名与巨大利益，但终不致失败。而那人格堕落、丧失操守的人却永远不能成就真正伟大的事业。

人格操守是事业上最可靠的资本。然而，很多年轻人对这一点尚缺乏认识。因此，这些年轻人过分地注重技巧、权谋和诡计，却忽视了对正直品格的培养。为什么许多公司情愿以非常昂贵的代价，去用已死数十年或数百年的人的名字来做公司的名称呢？因为在那些逝者的名字里面含有正直的品格，代表着信用，使消费者感到可靠。想想有些人的名字，其信用之稳固程度如同直布罗陀的岩石一样，坚固不移，这就可以明白人格的价值了。有一些年轻人明明知道这样的事实，但是他们仍然不将事业的基础建立在正直的品格之上，反而建立在技巧、诡计和欺骗上，这难道不令人感到奇怪吗？但也有相当多的年轻人并不把事业建立在不可靠和不诚实的基础上，而建立在坚如磐石的正直品格上，这样，他们的成功才是真正的成功，才有真正的价值和意义。

公道、正直与诚实是成功所包含的要素。而此种美德，林肯总统无一不具备，倘若缺乏这种种美德，他哪能做出轰轰烈烈的事业来？

> **公道、正直与诚实是成功所包含的要素。**

每一个人应该感到，在自己的体内有一种富贵不能淫、威武不能屈的力量。这种极其宝贵的力量就是个人的品格，每个人都应该不惜生命来保持自己正直的品格。

但凡历史上那些真正伟大的人物，其人格是不会扭曲的，他们不会因金钱、权势、地位等种种诱惑而出卖人格。

林肯做律师时，有人找林肯为一件诉讼中明显理亏的一方做辩护，林肯回答说："我不能做。如果我这样做了，那么在出庭陈词时，我一定会不知不觉地高声说：'林肯，你是个说谎者，你是个说谎者。'"

一个人当他过着虚伪的生活，戴着假面具，做着不正当的职业时，他将受到自己内心的嘲笑，甚至会鄙弃自己。他的良心将不住地拷问其灵魂："你是一个欺骗者，你不是一个正直的人。"这就会败坏人们的品格，削弱人们的力量，直至彻底葬送人们的自尊和自信。

记住，无论有多大的利益，多么难以抵制的引诱，千万不可出卖自己的人格。一个人如果过分地追名逐利，那一定会败坏自己的才能，毁灭自己的品格，使他做出违背良心的事情来。

因此，无论你从事何种职业，你不但要在自己的职业中做出成绩来，还要在做事过程中建立自己高尚的品格。无论你是在做律师、医生、商人、职员、农民或政治家时，都请不要忘记：你是在做一个"人"，要做一个具有正直品格的人。唯其如此，你的职业生涯和生活才有重大的意义。

10　有一种财富叫作诚信

有一个布料商店的经理对人说，他们店里目前正忙于将整匹的布料剪为零段，真是忙碌不堪。他说，只要在广告上大肆宣传，说购买碎布料比购买整匹布料来得便宜、合算，人们受广告宣传的忽悠，肯定会信以为真并争相前来购买。

但是试问，一旦顾客们发现他们的欺骗行为以后，还会有人愿意再光顾这种欺人的商店吗？

许多人把说谎、欺骗视为一种手段，他们相信说谎、欺骗会给自己带来好处。好多信誉很好的商店，也往往掩饰自己货物的弱点，用诱人的广告来哄骗消费者。

有很多人认为，在商业上，欺骗如同资本一样，是十分必要的。他们认为，在商业上处处讲实话几乎是件不可能的事情。

现代新闻学上也有一个很不好的现象，就是新闻界常有偏离事实、渲染事实、牵强事实、颠倒事实的倾向。其实，一种报纸的声誉和一个人的声誉是一样的。如果一种报纸总是故意欺骗人，它不久便会获得一个说谎者的名声。而只有那些立足于事实、诚实不欺的报纸才是新闻界的中流砥柱，最终的销量要比那些经常欺骗读者的报纸多出数百倍。

所以，一贯讲真话而获得的声誉比起由欺骗暂时所获得的好处，其价值高出何止千百倍！

商业社会中最大的危险就是不诚实与欺骗。

> 一贯讲真话而获得的声誉比起由欺骗暂时所获得的好处，其价值高出何止千百倍！

在经济萧条时，商人们往往更喜欢利用投机取巧的方法欺骗顾客，不讲真话或是把原本该说的真话秘而不宣。但他们没有考虑到，这种做法虽然暂时带来了金钱上的好处，却完全忽略了自己的人格和信用。钱包虽然满了，其信用却流失掉了。

实际上，现在也有许多曾经说谎的人或是欺骗的机构，感到用欺骗方法来对付他人，最终是得不偿失的，他们最终意识到，诚实才是最好的策略。

在美国国内的众多商行中，很少有长达 450 年历史的。

美国的大多数商店都如昙花一现，很是短暂。这些商店在开业时通过大肆欺骗的方式吸引了许多顾客的注意，虽然繁荣一时，但这种繁荣始终是建立在不诚实和欺骗的基础上的，所以，不久之后这些商店就关门大吉了。这些商家们只知道从欺骗顾客中获得了好处，却不知道自己的欺骗手段最后终于为顾客所发觉，结果这许多商店营业日趋惨淡，业务逐渐收缩，终致歇业破产。

诚实信用的名誉是世界上最好的广告。

诚实信用的名誉是世界上最好的广告。

仅仅因为诚实信用的名誉，美国好几家大商行大公司的名字和品牌就价值数百万美元。

与一个欺骗他人、没有信用的人相比，一个诚实而有信用的人其力量要大得多。一个把自己的言行建立在诚实基础上的人，外表看来也享有荣誉，他本人也有自信，并且对自己的行动更有把握。而在欺骗者的外表上，仿佛贴着一种可鄙的标记。

在今日的美国，最令人痛心的现象莫过于一些年轻人为了自己的利益而出卖自己的人格。如果连自己的宝贵人格都出卖了，即便能获得一些名利，那又有何意义呢？

如果一个人的声誉损坏了，还有什么方法能够弥补呢?这几乎是不可能的。

　　试问一个人如果连自己的品格都不要了，那他的人生还有什么价值呢? 人如果违反了人类善良的天性，不要说贪图名利，一切的丑陋行为他都干得出来。

11 体力和精力是人类生命的两大源泉

衡量一个人事业的成功与否，并不以其在银行中存款的多少而定，而全在于他怎样利用身体内在的所有资本以及自身做事的能力。

一个身体柔弱或者因嗜好烟酒而精力不佳的人，其成功的机会要比那些体格强壮精神旺盛的人少很多。

任何一个冷静的人、执着的人、有为的人，都会保持自己所具有的种种力量，不论是身体上的，还是精神上的，他们对生命中最宝贵的资产绝不轻易消耗。

每个人都应该把任何形式的无效精力耗费、一丝一毫的无用精力损害，都当作一种不可宽

> 体力和精力是我们一生成功的资本，我们应该阻止这一成功资本的无效消耗。要汇集全副的精神，对体力和精力做最经济、最有效的利用。

恕的浪费，甚至是一种不可宽恕的犯罪行为。

体力和精力是我们一生成功的资本，我们应该阻止这一成功资本的无效消耗。要汇集全副的精神，对体力和精力做最经济、最有效的利用。

一个人如果能始终在精力最为旺盛的状态下发挥才能，那么在做事的时候，自然能有极大的成效。

一个人在工作的时候，如果不能发挥自己出色卓越的才能，那么他成功的可能性自然小得多。

在工作中，最可怜的就是那些早晨一开始工作，就精神颓唐、毫无生气的人。这样的人做什么工作能获得出色的业绩呢？

在工作中，最理想的状态就是能胜任自己的工作并且愉快地工作，这样人们就不至于感到工作的艰难和痛苦。在接手工作的时候，应该对工作保持浓厚的兴趣、必胜的决心，这样工作起来才会浑身有劲。体格健壮、精力充沛地工作一小时，甚至比体力羸弱地终日工作，其业绩都来得高。

一个人如果想要以不健康的体格或者未受训练的才能去获得很高的地位，这完全是不可能的。但更可悲的是，一些原本头脑聪明、才华横溢的青年由于不知道善用自己所具有的才能而最终埋没了才华，庸庸碌碌地度过一生。

凡欲成大业者，身体是最大的资本。而个人成功的秘诀，就埋藏在自己的脑海里、神经里、肌肉里、志向里、决心里。

凡欲成大业者，身体是最大的资本。

作为一个人，体力和智力是最紧要的东西，因为体力和智力决定了人的精神状态、生命力和做事的才能。

有些人在工作时间以外所耗的精力，要多于在工作上所费的精力。如果有人去提醒他们、劝诫他们，他们或许还会发怒。在他们看来，只有体力的消耗才会使人的精神受损，但他们不知道精力也会有种种消耗，比如烦恼、发怒、恐惧，以及其他种种不良的思想。

另外，把工作带到家里，利用应该休息的时间来工作，其实也是一种精力损耗。

如果一个人原本有着充沛的体力和智力，也就是有着丰厚的成功资本，又不加以合理的利用，那又有什么用处呢？

无论做什么事都不能有弱点，因为小小的弱点可能足以破坏全部的事业和前程。比如任何一种不检点的行为、错误的行为，都可能在你生命资本的宝库上打开一个漏洞，使你生命的资本在悄无声息中流走。

大自然是无情的，即便贵为君王，如果违反了大自然的法则，也要受到惩罚。在大自然的眼里，君王和乞丐是没有贵贱之分的，她不会接受任何的借口或推诿，她要求人们保持着精力旺盛的状态，去努力不息地做事。

12　有一个清醒的头脑比有一个聪明的头脑更重要

人在任何环境、任何情形之下，都要保持清醒的头脑，保持正确的判断力。在他人惊慌失措、束手无策时，仍保持着镇静；在旁人做着可笑的事情时，仍然保持着正确的判断力，这样的人才是真正的杰出人物。

一个易于慌乱、一遇意外事变便手足无措的人必定是个懦夫。这种人一旦遇到重大的困难，并不足以交付重任。只有遇到意外情况而不紊乱、不慌张的人，才能担当起大事。

在很多机构中，常见某位能力平平、业绩也不出众的雇员担任着重要的职位，他的同事们都感到惊异。但他们不知道，雇主在选择重要职位的人选时并不只是考虑职员的才能，更要考虑到职员头脑的清晰、性情的敦厚和判断力的健全。因为雇主深知，自己企业的稳步发展，全赖于员工的办事镇定和良好的判断力。

一个头脑镇静的大人物，不会因境地的改变而有所动摇。经济上的损失、事业上的失败，艰难困苦都不能使他失去常态，因为他是头脑镇静、信仰坚定的人。同样，事业上的繁荣与成功，也不会使他骄傲轻狂，因为他安身立命的基础是牢靠的。

在任何情况下，做事之前都应该有所准备，要脚踏实地、未雨绸缪。否则，一遇困难临头，便会慌乱起来。

> 在任何情况下，做事之前都应该有所准备，要脚踏实地、未雨绸缪。

当其他人都慌乱而你能保持镇定之时，你就能拥有极大的力量，具备很大的优势。

在社会中，只有那些处事镇定，无论遇到什么风浪都不慌乱的人才能应付大事、成就大事。而那些情绪不稳、时常动摇、缺乏自信、危机一到便掉头就走、一遇困难就失去主意的人，只能过一种庸庸碌碌的生活。

海洋中的冰山，在任何情形之下都不为狂暴风浪所倾覆，是我们绝好的榜样。无论风浪多么狂暴，波涛多么汹涌，那矗立在海洋中的冰山仍岿然不动，好像没有被波浪撞击一样。这是为什么呢？原来冰山庞大体积的 7/8 都隐藏在海平面之下，稳当、坚实地扎根在深海之中，这样就无法为水面上波涛的撞击力所撼动。冰山在水底既然有巨大的体积，当狂暴的风浪去撞击水面上的冰山一角时，冰山岿然不动，那也就不足为奇了。

思想上的平衡与镇定是思想和谐的结果。一个思想偏激、头脑片面发展的人，即使在某个方面有着特殊的才能，也总不如和谐的思想好。头脑的片面发展犹如一棵树的养料全被某一枝杈吸去，那根枝条固然发育得很好，但树的其余部分却要日渐枯萎了。

韦伯斯特之所以能在律师界和参议院成为一个影响力巨大的人物，就是因为他思想镇静、遇事沉着。镇静的思想和清醒的头脑，给了韦伯斯特一生极大的帮助。

许多才华横溢的人做出种种不可理喻的事情来，这是因为判断力的低劣，有时有甚至会妨碍他们一生的前程，使得他们的前程好像弯曲的江河一样，无法远流到海洋中去。

一个人一旦有了头脑不清楚、判断力不健全的时候，那么往往终其一生，事业都没有进展，因为他无法赢得其他人的信任。

如果你想做个能得他人信任的人，要让别人认为你头脑镇定、判断准确，那你一定要努力做到事事处理得当、冷静对待。

然而，很多人做事尤其是做琐屑的小事时，往往敷衍了事。本来应该做得更好，可是他们却随随便便，这样无异于减少他们成为镇静人物的可能性。还有很多人遇到困难，往往不加以周密的判断，却总是贪图方便草率了事，使困难不能得到圆满的解决。

　　如果你能常常迫使自己去做你认为应该做的事情，而且竭尽全力去做，不受制于自己贪图安逸的惰性，那么你的品格与判断力，必定会大大地增进，而你自然也会为人们所认可，被人们称为"头脑清晰、判断准确"的人。

13　常识、学识、健康和信用，一个都不能少

　　刚踏入社会的年轻人要想有所成就，就非得有一笔资本，那么年轻人所拥有的资本是什么呢？那就是：常识、学识、健康和信用。

　　发明家爱迪生说："专业知识的用处只有常识的一半。"

　　一个人在专门的学问方面有很深的造诣固然足以自豪，但他们在应付各种各样的实际困难时，往

> "当你抬头看星空时，请别忘了屋里的蜡烛。"

往远不及那些具有丰富实际经验与常识的人。专家也许有着他们伟大的理想，天才往往能从自然界发现真理，但是如果他们缺乏常识，他们的理想与发现对于人们的实际生活又有什么用处呢？

德国有一句俗语说得好："当你抬头看星空时，请别忘了屋里的蜡烛。"

然而，如今仍然有很多人忽视常识的作用，以为常识是不重要的，由于这些人平时不注意掌握常识，所以会因常识缺乏而把事情做砸，但他们仍然不反省，反而认为是自己运气不好所致。抱着这样的想法他们永远不会进步，其实，他们所有的错误与失败都是自己一手造成的。

除了常识，一个人还须具备各种精湛的技能。

在我们身边，无数的青年人在努力寻找成功的机会，如果一个人没有专长，即使拿着大学文凭，有着一帮有钱有势的亲戚朋友，也仍然没用。如果真想获得好的发展机会，最好还是靠自己的实力，凡事都依赖他人，是靠不住的。

总之，你应该尽力培养自己的能力，积累各种知识、经验和技能。你虽然还没有太多的金钱财富，但你身上、大脑里的财富却必须要十分充足。这样，即便经济萧条或遭遇不幸，你也不会完全失败，而能安然度过。

从现在起，你就要努力增加内在的财富——健康的体魄、一往无前的气概、令人愉悦的态度和一丝不苟的品格。

你有没有真才实学，别人能从很多方面看出来，比如你的眼神、你的谈吐、你的工作业绩、你对事情的诚意等。如果你的内心特别富有，你就会像一朵绽放的玫瑰，吸引周围的人和每个走过你身边的人，让他们立刻感受到你的美丽。

许多人一踏入社会就想成功，不惜以所有的资本作为赌注，这真是一件可怕的事情。一个人做事时一定要顾及以后的需要，年轻人万万不能过度消耗自己的精力和体力。

有一类青年人内心里是很富有的，但他们却不把这种内在的财富用到正经事上去，有的人甚至没日没夜地糟蹋自己的才能，即使有好机会也轻易错过，这种做法简直是暴殄天物。更可悲的是，他们甚至牺牲了名誉、理智及最重要的成功因素——人格。

一个生气勃勃、和善可亲的人，会处处受到人们的欢迎。凡是与他交往的人，都感到轻松快乐。一个人一旦有了这种性格，就无形中为自己增添了无穷的资源。

你希望别人知道你有多少存款吗？你希望他人知道你有多少股票、多少地产吗？这些想法真是无聊。

一个人只要有良好的品格与信用，时时处处都会有人来注意你。人格是你最好的自荐信，你一生的前途都有赖于这封自荐信。

> **人格是你最好的自荐信，你一生的前途都有赖于这封自荐信。**

有健朗人格的人才是世

界上最富有的人，一个百万富翁和一个享有美好名声的富人相比，简直是天上地下。一个通过邪恶手段发财的人在一个善良诚实的穷人面前甚至会无地自容；一个不学无术却暴得横财的富翁在一个饱学之士面前简直会羞愧得要死。家庭和学校应该认真地告诫年轻人，让他们懂得人格的伟大价值，否则，教育便没有尽到它的职责，就会给个人和社会造成不可估量的损失。

我们应该利用自己的时间和精力，去赚取利己也利人的财富。只要你待人和善、做事忠诚、言行坦白，那么无论你外表如何，都会受到人们的真心欢迎。人类具有判断力，当我们遇见一个品格高尚、为人诚挚、富有爱心的人时，不需他人介绍，崇敬之情自会油然而生。伟大的人格具有的这种神奇力量，足以使一切人受到感化。

我们刚刚踏入社会时应该立志培养一种伟大的人格，让它像灯塔一样照亮四方。我们平时的言行举止也必须建立在正确判断力的基础上，要温和中庸，唯有如此，才能达到成功的彼岸。一踏入社会便整日钻在充满铜臭的钱孔里，妄想发一笔横财暴富，这是年轻人的大忌。